U0203585

拼布配色事典

色彩成功搭配的13堂课

配色专家 游如意 著

河南科学技术出版社
·郑州·

目录
Contents

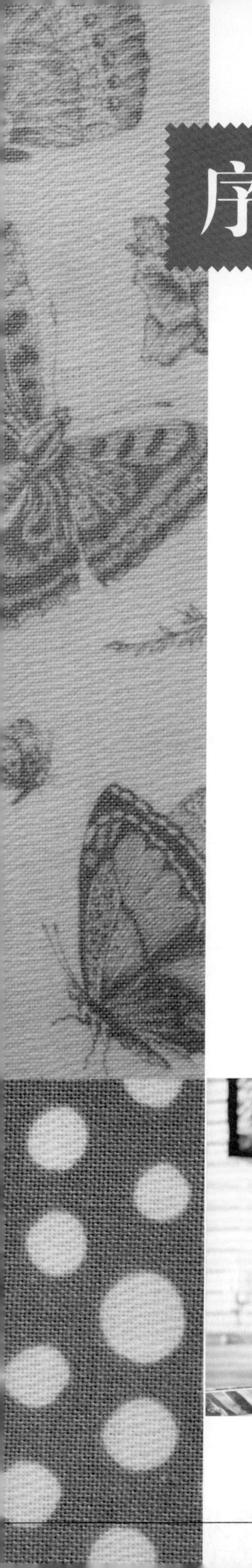

序

配色，是每个拼布人在学习过程中都会遇到的课题，当然对我来说也是。七年传统基础拼布学习之后，我又完成了拼布“指导员”的课程。这一阶段，我开始接触到色彩教学，或许跟我喜欢创意设计有关，我开始有意识地总结整理拼布配色的逻辑和配色练习的方法。

很多拼布人认为，高明的配色设计，应该跟专业背景或者天分有关，不可否认，拥有这些条件，对于创作来说，的确是获得了能快速进入的敲门砖，但我想，平时对周围环境与日常生活的观察，还有对各类型美学资源的广泛涉猎，才是创造力得以不断提升的能量来源。

这本书，是我练习拼布配色十二年来的心得。本书运用的色彩逻辑也常见于美术专业书籍，不过美术领域的色彩学与拼布色彩学之间的差距，是单色系与花纹加入的不同，也因此，拼布配色更需要在布花纹当中辨识色系进而应用。

这本《拼布配色事典》如同书名，希望尽量在内容上完整呈现配色的知识与建议，而作品的制作部分因篇幅限制，列出了尺寸、材料、工具说明，但只用文字介绍做法而省略了图解步骤。各位若对作品的制作有兴趣，可以咨询您的指导老师以获得经验上的帮助，我这里也欢迎您来信询问。

最后，要感谢陪我一路走来的家人、良师、工作伙伴以及好友们！十二年的学习历程不算短，没有你们的支持与鼓励，我难以走到今天，谢谢你们！

谨以本书 纪念彩虹桥那端的猫天使 娃

Sophia Yu

游如意 Sophia Yu

学生时代念的是建筑，原本的工作是在事务所里画图，Sophia 老师与拼布的第一次接触，是住在附近的外国人好意教她拼布，没想到这一次因为无聊加上好奇而完成的作品，勾起了她对拼布的兴趣，无心插柳进入拼布世界。从兴趣到教学到开教室，十余年的拼布资历，Sophia 老师对拼布有着无人能敌的狂热。选择在竹北落脚，Sophia 老师开玩笑说是不懂事的决定，但这儿闲适、缓慢的步调，如同“布谷鸟”的空间、作品，还有 Sophia 老师给人的感觉一样，真实、直接且舒服。

【布谷鸟・创意拼布・手感生活】
http://www.wretch.cc/blog/cuckooquilt

Part 1 · 入门功课
配色基本概念

. 基本色彩学
. 在配色之前
. 辨色概念
. 灵感来自日常生活
. 明暗与彩度
. 布料的整理
. 布花纹的局部辨色利用
. 花纹分类与搭配
. 配色理论及逻辑解析——简单的配色逻辑

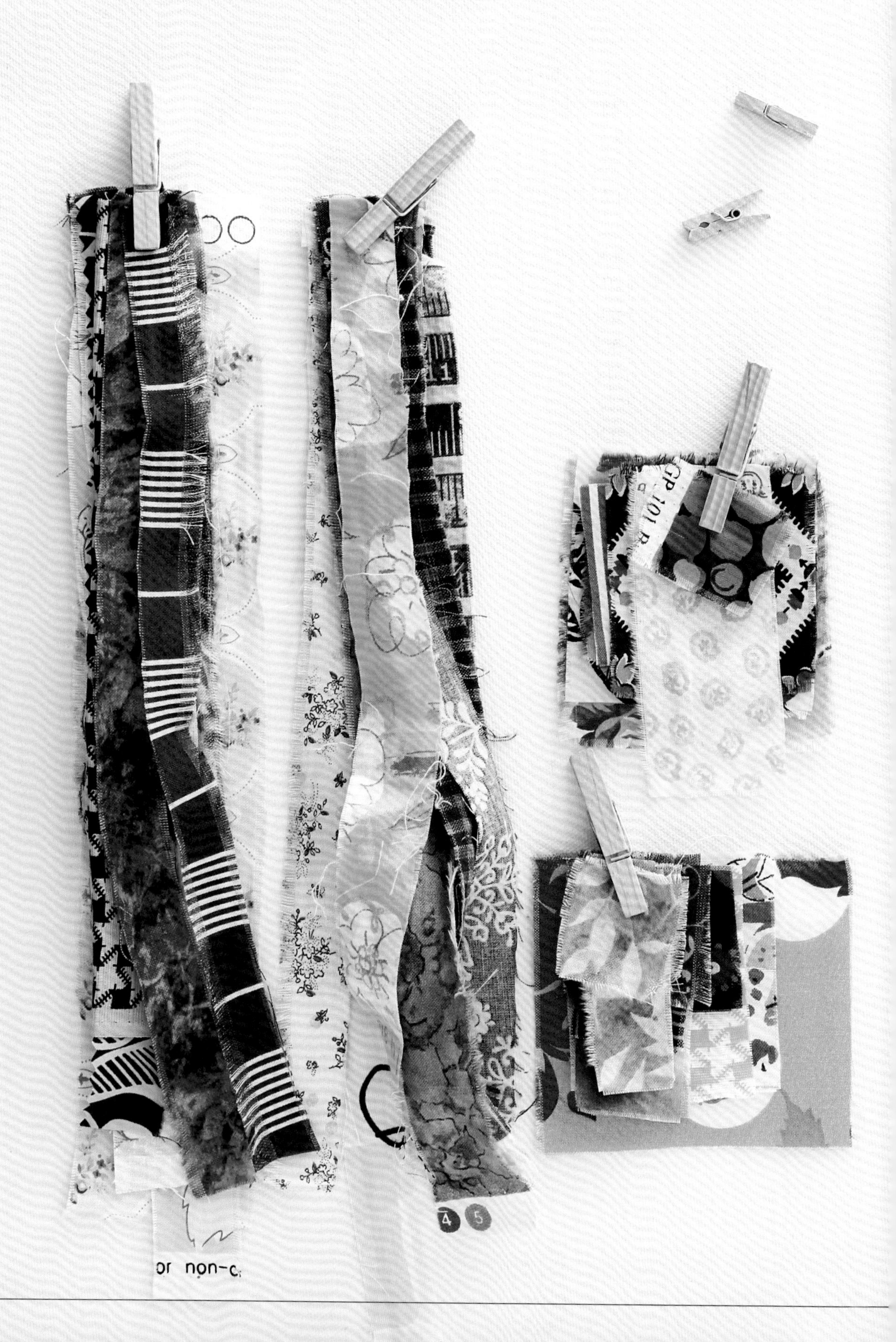

基本色彩学

色彩，无所不在

我们身处一个彩色的世界：街道上的霓虹招牌，我们每日使用的餐具杯盘，传递信息的杂志页面，周末踏青的郊外风景，甚至夹住文件的回形针……充满色彩变化的环境，如同空气与水那样，自然地存在于我们的生活中。

色彩存在于我们的日常生活，潜移默化养成我们的美感，就如同空气，说来似乎无味无形，但仔细想来，空气有气味之分，比如芳香与腐臭，细分还能分出甜美、辛辣、花香、咖啡香等各具特色的味道。同样的，在我们生活环境中存在的色彩，通过光线的反射或者穿透，通过有目的的设计传达，通过不同的质材，也会富有它的"味道"。只是在仔细观察或者系统总结之前，个人并不那么容易发现这一点罢了。

将色彩逻辑化

基本色彩学，是进入色彩风格学习前的前哨演练，是初级也是最重要的认知练习。当"色彩"变成"学问"的时候，常有高不可攀或难以接近的感觉，但其实这并不是学习一门陌生的学理，而不过是一种整理的过程，是将平常生活中存在的颜色系统加以整理，把眼睛看到的、记忆中留存的颜色定义，然后进行逻辑运用的练习。

色彩也可以逻辑化吗？以我们爱听的音乐来举例，就如乐理一样，和谐的音符排列形成美妙的旋律，颜色也有如同乐理一般的逻辑方法，乐理的基础从音的概念开始，继而是音长、音色、乐谱种类、标记方法、曲式调性等，然后进入乐曲欣赏乃至亲自弹奏；色彩也一样，从辨色开始，继而了解颜色的性质与定义，然后上升到认识彩度与明暗深浅变化、配色的平衡，乃至季节与风格等进阶配色方式。而这些并不是理论空谈，色彩的逻辑，本就存在于日常环境中，大自然的季节轮替，甚至早就是造物主玩的色彩逻辑游戏。

来玩色彩游戏吧！重新对颜色进行界定，或者加上一些联想，比如红辣椒的红、青苹果的绿、柠檬的黄等，基本色彩学的灵活运用，就从这里开始。

在配色之前

我相信，配色对于很多拼布人来说，是有些模糊的学习历程。翻阅喜爱的书籍模仿作品，寻找相似的材料学习制作，手作的方法可以借助多加练习达到熟能生巧，但想要建立配色的风格却不知从何开始，配色真的很难吗?

或许大部分人都跟我刚开始的时候一样，在开始拼缝一件作品之前，因为想要拥有属于自己喜爱的风格，面对布堆左挑右选，沉溺在某块花布的美丽花纹当中，在如何搭配的想法中犹豫，花费较多的时间在挑选布料花纹色系上，难以抉择，最后还是不得不依照参考书上的作品风格寻找相似布色。真的没有比较简单的方式，能让我们有效率地表现自己想要的拼布特色吗?

你一定要相信，配色其实并不难，它与专业基础或者天分没有绝对的关系，对颜色的视觉敏锐度完全是可以练习的。跟着简单的步骤，从对色彩的认知开始，整理布料，认识花纹……最后，你也可以拥有自己在拼布配色上的美感!

辨色概念

也许你很难想象，对于颜色的认定，并不是每个人都一样，光线、视觉差异，以及成长经验等，都会影响我们对颜色的定义。姑且抛开这一点，基础色彩学里常用的色相环，是很便利的色彩认知工具，如同饮食中的酸甜苦辣味觉认知是厨艺的基本门槛一样，我们可以借助色相环的辨色练习，先建立对色彩的基础认识，这是拼布配色课程最开始一定要做的入门功课。

色彩学中的色相环多属于单色的呈现，看来单调无趣，但我们可以借助色相环中的黄色，重新认识生活中柠檬黄原来属于绿色的视觉成分，我们可以分辨橘子汽水中红橙色与红色之间的差异、葡萄醇酒的紫红色跟华丽冷艳的神秘紫色究竟有何不同。是不是也很有趣? 就如寻宝游戏一般，从生活中发掘色彩的存在轨迹，然后将视线放回柜子里收藏的心爱的布料，相信你一定会有新发现!

「六个主色系」

美术相关课程当中常见的“伊登色相环”大致上将生活中常见的颜色分成十二类，主要是色彩三原色——“黄色、红色、蓝色”，三原色相互融合，由比例相当的相邻两色混合，产生出“橙色、紫色、绿色”等三种主要混合色，三种主要混合色连同三原色，加起来就是六个主色系。这六个主色系，是肉眼最容易分辨的色系。

灵感来自日常生活

配色灵感多半来自生活中的细节，可能是一张充满回忆的旅游时的照片，也可能是一件自己很喜欢的时装，只要多留意并多练习，在生活中可以随时开始配色的游戏。

这两幅配色的贴色练习，模板来自旅行时拍的照片，构图色彩简单却很吸引人，从这里面汲取素材，寻找适用的布色，再另外构图，利用花纹就可做出有趣的搭配。

「六个副色系」

根据“黄色、橙色、红色、紫色、蓝色、绿色”等六个主色系，彼此融合延伸出“橙黄、红橙、紫红、蓝紫、蓝绿、黄绿”等六个副色系，“橙黄”和字面上的意思一样，就是黄色加上橙色等比例混合而生，其余五个副色系也一样如同字面意义，但需要深入说明的是，在副色系与主色系之间，依据混色比例的关系，还有不同色差程度的“次副色系”存在着。不过拼布配色课程基本上以六个主色系加上六个副色系来进行练习与分类就已足够。

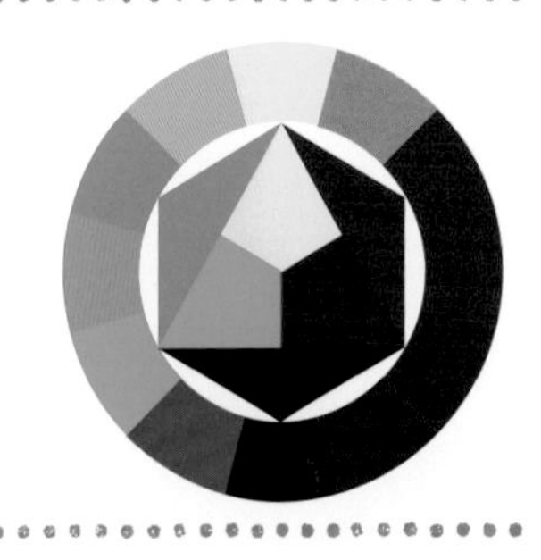

主色系 - 黄色

纯粹的黄，是没有绿色或者橙色掺杂的，怎么找到纯粹的黄呢？试着用色卡或者生活中可得的素材比对，比如水果植物的联想等。不同程度的稀释会改变黄色的饱和度，这时也同样要注意色系的纯粹。

{黄色系布色明暗排序}

主色系－橙色

秋天的橘子、新鲜的胡萝卜，都是纯正橙色的代表。橙色带给人振奋、有活力、朝气蓬勃的感受，橙色也让人想到酸甜的味道或者美味的食物。下次到餐厅的时候不妨看一看，它的空间里或是使用的餐具是不是有橙色系的设计呢？

{橙色系布色明暗排序}

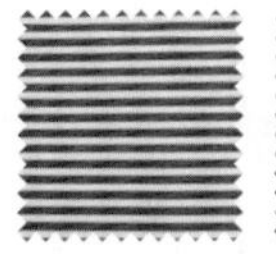

主色系－红色

红色总是让我联想到女人味、性感、血液、喜庆等，想象一下指甲油的颜色，大多第一个浮起的印象就是红色！红色也有积极、主动的心理联想，人对于色彩的辨识以红色最为敏锐。想要视觉焦点，就用红色如何？

{红色系布色明暗排序}

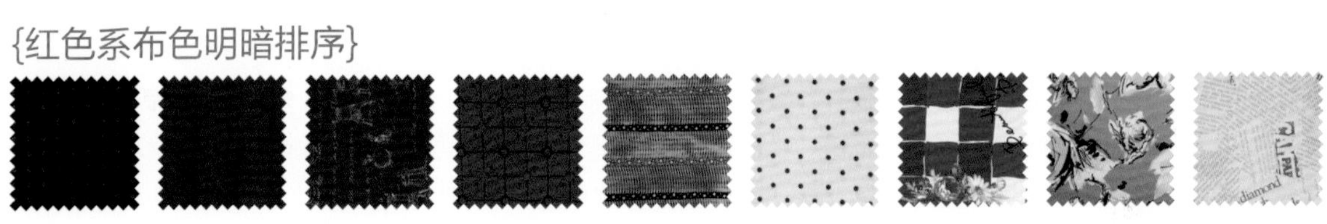

主色系 - 紫色

神秘、尊贵、高级感，是紫色的视觉联想，宗教与古典皇室常以紫色作为阶级和身份标志。紫色是光谱中人眼能辨识的最短波长，也就是说紫色需要较多辨识眼力。紫色的联想是葡萄、紫藤花与牵牛花。

{紫色系布色明暗排序}

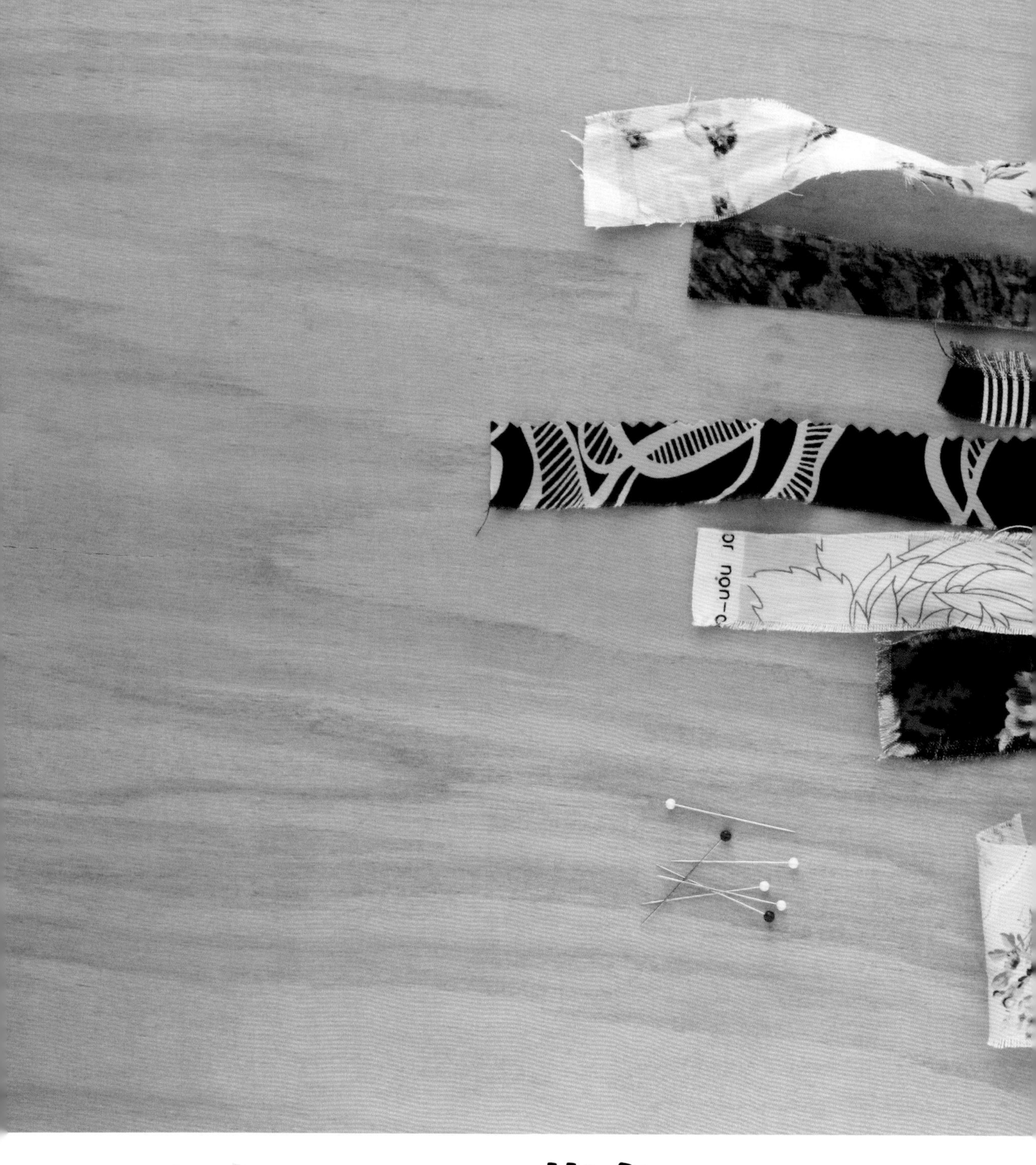

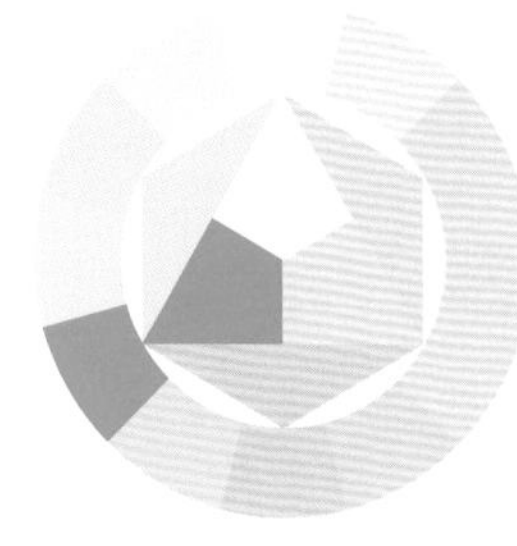

主色系 - 蓝色

想到蓝色，你感受到什么呢？是温暖还是寒冷？是清爽还是浓郁？观察大自然，海洋、天空都是明显容易看到的蓝色，夏天的海洋、晴空，都给人广阔清爽的感受，可蓝色同时也是忧郁的英文同音，心理学上蓝色则有细致、精确的象征意义。

{蓝色系布色明暗排序}

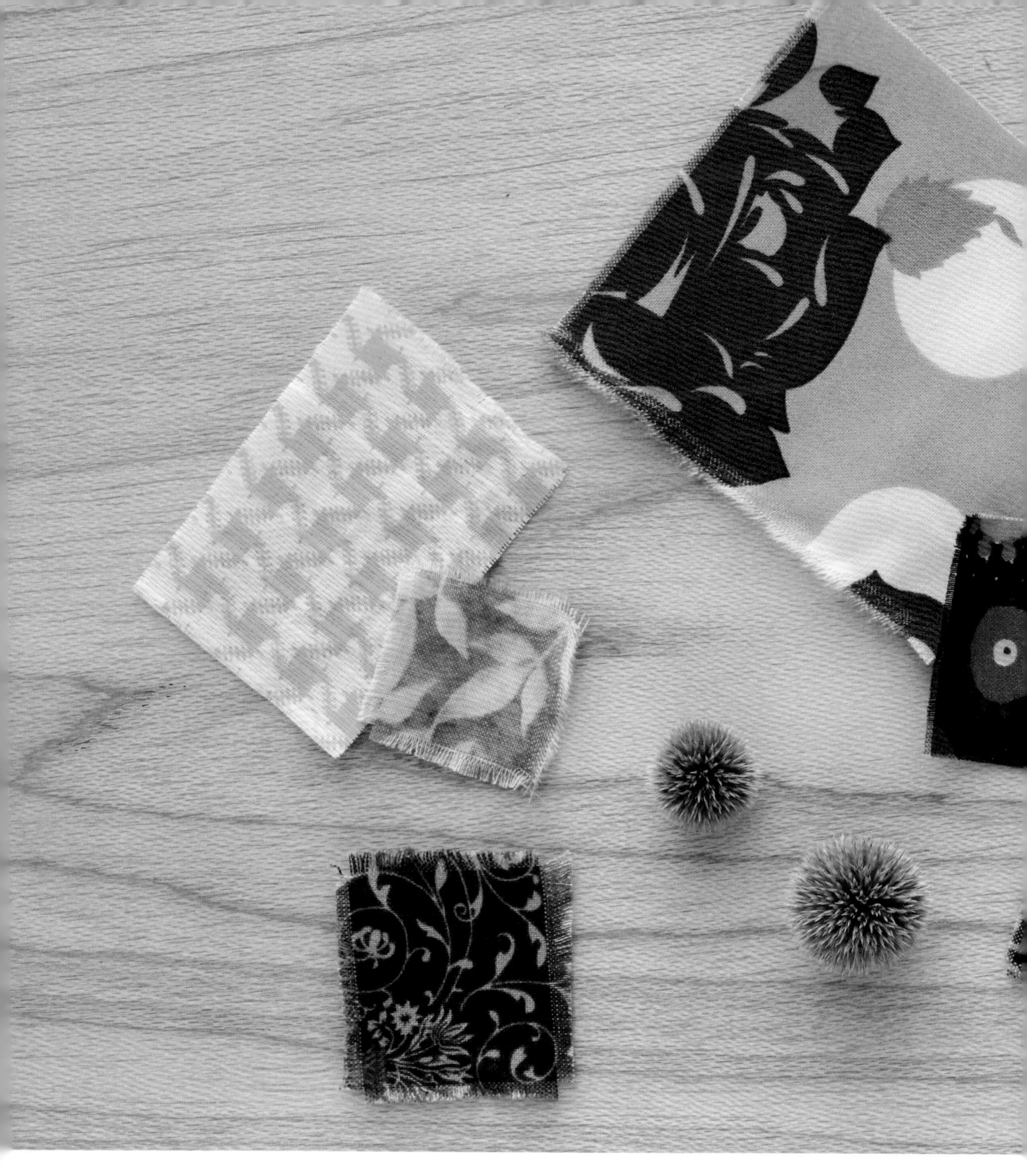

主色系－绿色

绿色是我最喜欢的颜色，绿色使人感觉放松，交通信号灯的绿色代表许可通行。因为大自然中植物多半为绿色，所以绿色有生机盎然的联想，也很自然地代表环保有机。

{绿色系布色明暗排序}

副色系－橙黄

介于橙色与黄色之间的橙黄，减低了橙色的浓郁加入些黄色的清爽，但相同的暖色调一样让人联想到许多，比如阳光、鲜榨的橙子汁、甜美的木瓜。

{橙黄色系布色明暗排序}

  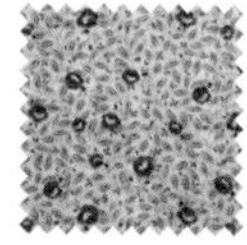 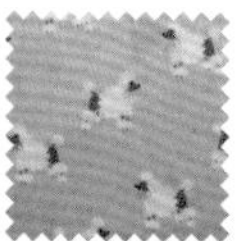

副色系－红橙

比起橙黄，红橙色更使人觉得浓厚，因为有了红色的加入，橙色的温暖感更强。红橙因为混合橙黄与红色，也容易在彼此之间混淆，可以用明暗与彩度阶段相同的布料相互比对，在这种比较中会对颜色有更清晰正确的认识和了解。

{红橙色系布色明暗排序}

  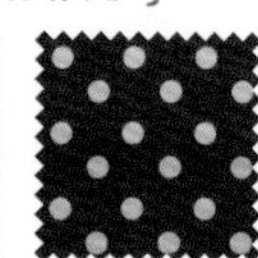  

副色系－紫红

紫红的组成，就如字面上看来是紫色与红色的组合。纯粹的紫色偏向冷色调，紫红则融入了红色的暖调。紫红色其他的名称有玫红色、酒红色。紫红色与紫色常常使人混淆，可以用红葡萄酒的颜色来判断，是不是跟紫色有不同呢？

{紫红色系布色明暗排序}

副色系－蓝紫

彩虹里七彩的名称中，“靛”色就是蓝紫色。蓝紫色与蓝色也很容易混淆，大自然里常见的蓝紫色花卉有鸢尾、绣球、风信子等。当蓝紫色与紫色摆放比对的时候你就会发现，蓝紫色里带有蓝色的混合。

{蓝紫色系布色明暗排序}

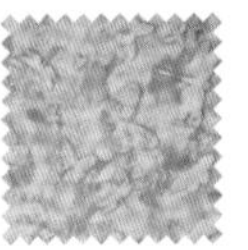

副色系－蓝绿

蓝绿色又称“土耳其蓝”或者“湖水绿”。在二十世纪五六十年代曾经流行过的蓝绿色，总给人复古时尚的印象，但蓝绿色也有民俗风格的搭配方式，布花纹的配色加上刺绣的装饰，就很容易展现华丽民俗风。

{蓝绿色系布色明暗排序}

副色系－黄绿

冬天的枯枝进入春季发出新芽，新芽的颜色就是黄绿色。黄绿色带有黄色的轻快与绿色的清新，浅色的黄绿有一种透明的质感，但加上灰阶的黄绿却有一种枯萎腐朽的质感。黄绿色与绿色相比，更能让作品有活泼、柔美的效果。

{黄绿色系布色明暗排序}

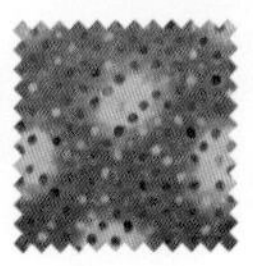

明暗与彩度

鲜艳、饱和、浓郁、柔和、清爽……这些是形容颜色观感的用词，其实也是色彩的明暗与彩度所给予视觉的不同感受，但我们常常混淆明暗与彩度的概念，对它们的关联性有时也认识不清。

色彩的明暗与彩度，都和色彩中带有的灰度或者明亮程度有关，注意到了吗？“伊登色相环”中的十二色，都是以各色系中明暗度居中，色彩饱和度最高，也就是彩度最高的标准色来列举的。

明暗度若是居中，色彩的饱和度最高，彩度也就最高，换句话说，就是最鲜艳的意思。色彩中加了不同程度的灰，以至于颜色越来越深，彩度会越低，明度也就降低变暗；相同的，加了不同程度的白，颜色会越来越浅，彩度降低，明度也跟着提高变亮。这就是色彩的明暗与彩度的关联。

色彩的明暗、彩度看似无须特别了解，但值得一提的是，在配色的基本原理“对比”当中，除了色系对比之外，明暗、彩度的对比也是一个值得学习并运用的配色逻辑。

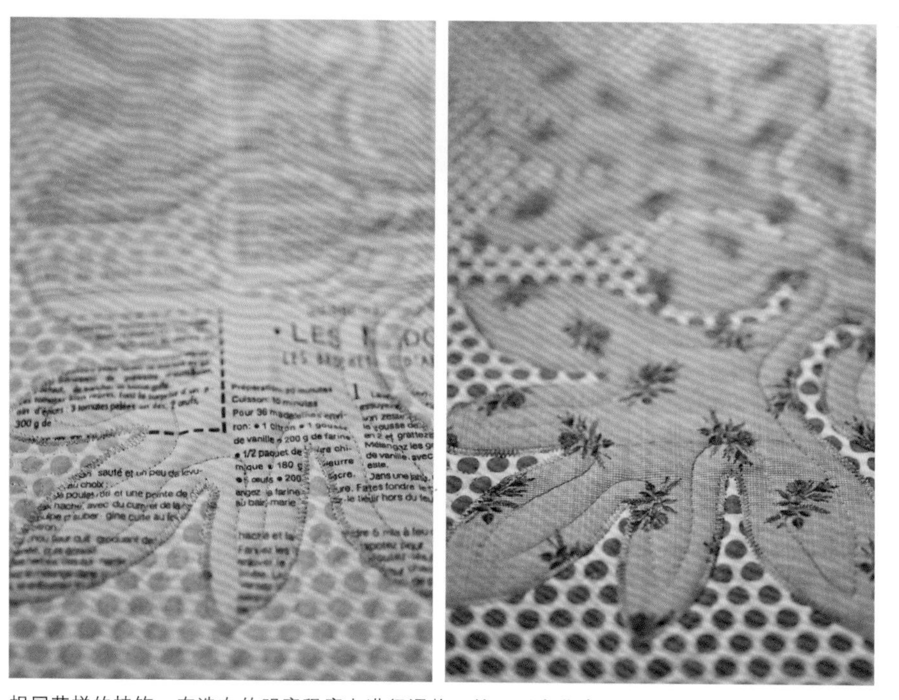

相同花样的挂饰，在选布的明亮程度上进行调整，就可以变化出不同的效果。深色显得比较沉稳、庄重，浅色则较具轻柔、活泼感。

由布色明度变化看色彩的关系

	明度提升的布色	基础布色	明度降低的布色
红色系			
橙色系			
黄色系			
绿色系			
蓝色系			
紫色系			

布料的整理

整理，对于了解布料十分重要，每每踏进布店或者上网浏览，总是被喜欢的、想要的、以为自己缺少的布料勾起购买欲望，进而纳入收藏宝库，不过，真正把布料整理得有条不紊的人应该不多吧？！

整理布料有利于了解藏布内容

连我自己，也无法随时保持布料或拼布桌整齐的状态。不时增减的布料数量，要整理好似乎不易，但确实能找到一个可依循的原则，将花色缤纷的各式布料，做一定程度的排列。这不单可以节约收纳空间，更重要的是，借助整理可以了解自己真正缺乏的是哪一类的花色，收集量较多的又是哪一类。

先分色系再依明暗整理

我推荐的方式，是先以色系将布料分类，再依深浅明暗的顺序，将单一色系的布料排列整理。以此标准，风格与花纹种类都可以先打散，也就是说，以往采购中布料品牌常推出的“套布”可以打散，只依照布色分类去做深浅归纳整理。如此一来，可以发现自己缺少的是哪一阶段的深浅，下次采购材料时也就有参考依据。

打散套布依然能走出单纯风格

看到这里，或许你会有个疑问就是：若将“套布”打散，是否就不容易做出风格明显且一致的拼布作品了？其实，如果从基础上先对色彩与花纹有相当的了解，进而观察一定风格当中对于色系、明暗度、花纹等的设计条件，依照这些条件，轻松地从整理好的分类布料中取用适合的布料，甚至进一步融入其他风格的些许花色，那么做出更个性化的作品、形成独一无二的个人特色就事半功倍、不再是难事了！

所以，请将收藏的布料依照色系分开整理，每色系再依据明暗顺序放置。就让我们从整理布料开始，进行配色的学习吧！

Point

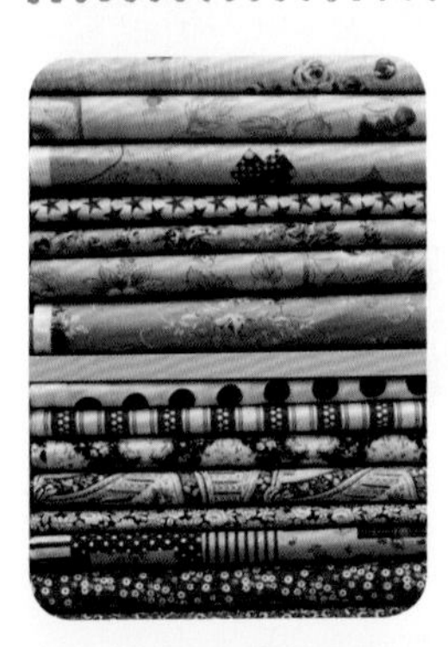

1 同色系收在一起
将同色系的布料收在一起，并依照明暗顺序排列。

2 直摆好拿好收
将布料竖立摆放，不仅好拿好收，色彩的排列也能一目了然。

3 横叠收纳量大
若没有足够空间，向上发展是最好的选择，将布料横叠，收纳量相当大。

4 抽屉好看又好用
利用抽屉收纳布料，既整齐又好找好用。

布花纹的局部辨色利用

一块布料的花纹比例若是很小，可以很容易地观察出它该归纳在何种色系中，但如果花纹比例较大或是色彩斑斓，又该怎么进行色系的归类呢？

这时候建议将布料放在桌上，更好的是放在地上，让眼睛与布料之间保持相当的距离，眯着眼，或者定睛看个几分钟，然后将眼睛闭上，脑海中映现的色彩影像最直接产生的色系，就是这块布料最直接的辨色分类。

除了用大面积辨色，或者如上段讲的直觉辨色以外，色彩丰富的多色系印刷布的花纹，其实是很棒的配色元素。多色彩的花纹设计，让一块布增加了更多搭配的可能性，拼接图案的比例变化，局部的花纹取用，让原本看来可能是某色系的花色，反而转为其他色系利用。原本没有料想该怎么使用的布花纹一下子有了用武之地，或者是想使用布花纹来达到某种局部拼接效果，结果效果奇佳，这就像是在花纹漫游中突然发现拼图密码一样，是非常有趣的事情！

局部取色的方法

布花纹的组合是除了配色之外，形成美丽作品的另一个秘密武器。拼接的图形画好后，可以另外制作图形挖空的纸片，好像摄影的视窗截取美景一样，利用"框取"找出拼接想要利用的花纹。

改变取布角度，效果大不同

布纹的重组变化

通过布纹的拼接，改变布料原本的印花形态。结合组成结构的设计，布纹裁剪后经过重组缝合，变成另一种花样组合，新的组合甚至可以产生画面的动态或者延展错觉。

布纹的延展性与搭配

具有直条纹方向性的花纹，可让图形有延展或者强调的效果，如果想削弱这个特点的呈现，可再与其他花纹搭配。

相同布料花纹的变身搭配

花纹比例大的印花布料，不一定只能用来当壁饰的边条，也不一定要取完整花纹作为作品的正面。经过局部裁剪、与其他布色重新缝制组合后，这样的布料会产生更多变身效果，有时同一块布里的花纹还能当做不同布色或者不同属性的花纹加以利用。

花纹分类与搭配

玫瑰、水玉圆点、格子、直条纹……这些都是非常迷人的印花种类。除了色彩的搭配以外，花纹更是营造风格的要件。无论是小物还是大壁饰，其图稿纸型的产生过程只需要一定定式的数字比例换算与标尺绘制，之后的色彩规划以及花纹搭配，才会发挥无限想象力：随着眼前的花布开始产生主旋律，格子搭配花布，或是圆点衬托几何，或者素色布料穿插其中，最后完成你心里那幅绝妙的画面。

下面是除了纯素色以外，几种市面上常见的花纹分类：

 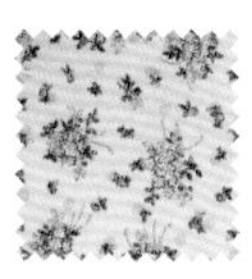 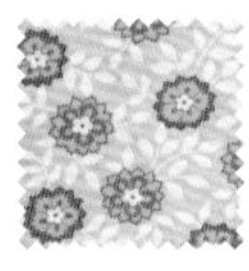   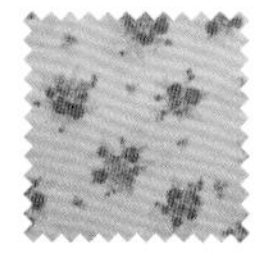

自然花草

花、草、天然风景，就是自然花草的布料分类依据。

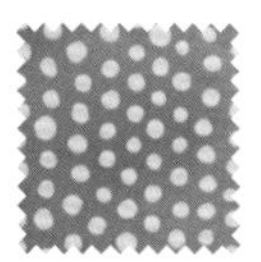  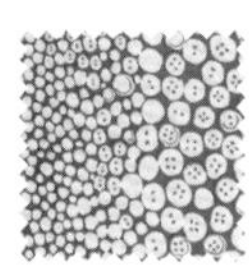 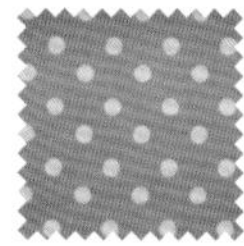  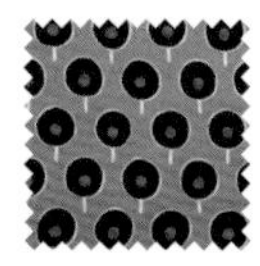

水玉

不只有规律性分布的圆点才是水玉，看来随意散布的圆点也是！

 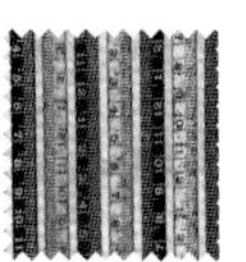    

格子直条纹

方格子、不规则的格子，细条纹、间隔不一的条纹，都是格子与条纹。

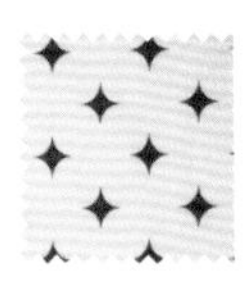    

几何

文字的、随意涂鸦的、没办法归类在其他的，都来这里放好。

类素色

不是纯素色，但是底色与图纹同色且明暗接近，也许还有密度小的花纹分布，都归在类素色。

配色理论及逻辑解析——简单的配色逻辑

配色常见的问题就是不知如何起头，如何从一块喜欢的布料去找到搭配的色彩。在十二色相环中有简单的逻辑可以依循，色相上的对比，明暗上的对比，花纹上的多种搭配或者主题设定等，都隐藏着可以利用的逻辑。

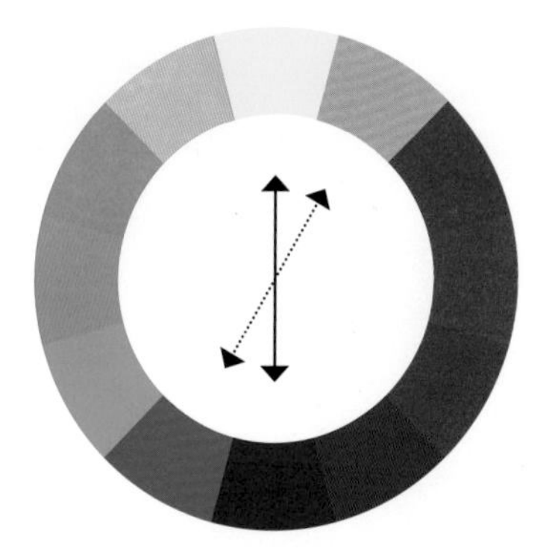

180° 对角是最直接的两色对比

所谓的对比，字面上可以联想到“相对”“反差”等字义。十二色相环中的位置相对，就是一种对比，比如黄色对紫色，红色对绿色，蓝色对橘色。将色相环视为360° 圆，180° 对角是最直接的两色对比。要找到三色对比的话，将360° 三等分得到120°，正三角指向即是三色对比；色彩学中的红黄蓝三色就是最显著的三色对比举例。那么四色对比呢？均衡90°角得到的四色，比如黄色紫色以及橘色绿色等就是一个例子，这些都是色相上的简易对比配色。

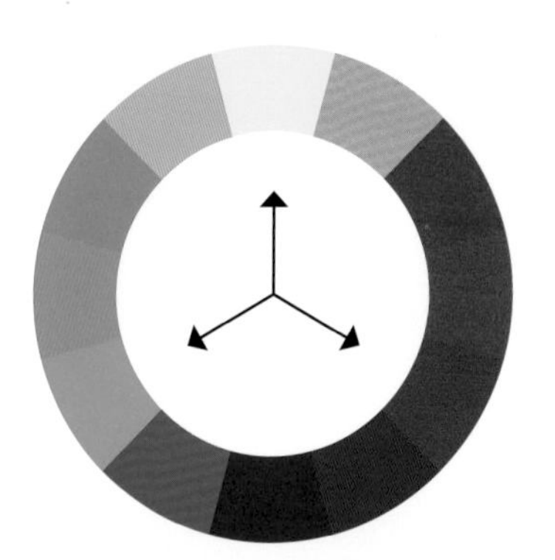

120° 的三色对比

对比还有明暗的对比，这一点是比较容易理解与想象的。明暗差距相对于彩度的变化更容易被辨识，先就明暗来说，鲜艳与深色是一种对比，黑与白更是一个明显的明暗对比，除此以外，明暗与色相的对比可以同时运用。

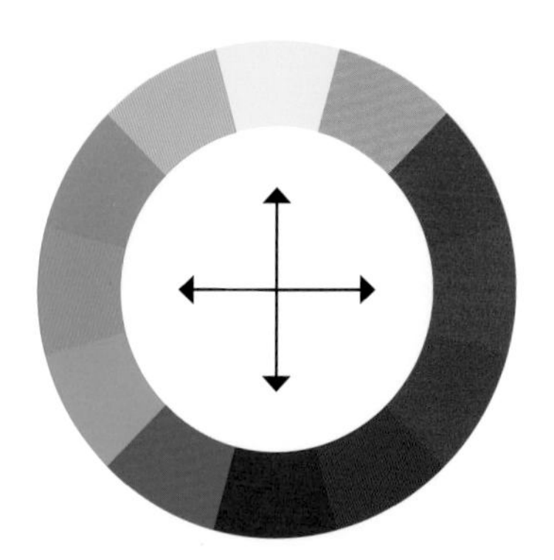

均衡90° 的四色对比

以上关于色相与对比的配色逻辑，也许看来有些头昏难懂，没关系，接下来会有搭配示范，配合每个单元的解说。看完拿出自己的布试试看，一定会有收获！

Part 2 · 看完就会配
配色逻辑基础篇

Topic 1
单色配色

明暗对比大的同色系互相搭配，可营造相当好的层次效果，不仅凸显了主题的图样，也制造了活泼的感觉。不管是小东西或大作品都适用这种搭配。

联想一下“单色系”这个名词的意义，试着走到分类整理好的布柜前，找出单一色系的布料，从深色到浅色，无论花色如何，务必要找出单纯同色系的组布。很多人会在这里产生辨色上的阻碍或者疑虑。

善用色相环比对布色

的确，色系的辨别，在多数人的拼布经历中，是客观存在的困难，但并不是没有解决之道，试着拿出印刷正确的十二色相环，与眼前所选布料进行比对，这是辨色上第一个可以利用的方式，若依旧有辨色问题，不妨拿着邻近色系的布料与之比对，比如难以判断所选的布料是否为带有紫色的红色，就可以取确认过的、色系正确的紫与红色布料来与所选布料作比对，大致都可以得到答案。这里需要注意的是，用来作比对的布料需与所选布料具有相同的条件，比如在相同亮度的光线下、都是白光、布料颜色深浅雷同等，这样比对就比较容易分辨出色彩的单纯性。

色彩的单纯性对单色配色的重要性

单色配色的设计里，色彩的单纯性很重要吗？如果布色不够，是否可以拿接近的色系运用呢？就字面上想当然可知“单色系”的设计诉求——色彩的单纯性可以为作品带来纯然的感受，以及更精确的设计风格。如果因为布料不足掺入接近色系，获得的作品会偏离原本设计的方向。此时更好的方式是等布料更为充足后再继续完成作品，也许在等待与寻觅的过程中，会有更好的创意产生呢！

加入花纹变化使作品更有特色

排除挑选布料上关于色系纯然的问题后，另外需要关注的是花纹上的变化，因为色系纯然，在配色上比较容易落入平淡的框架，所以单色系的配色，更应该广泛尝试花纹的搭配来让作品产生趣味与特色，以此强调设计的重点。

单色系的配色还有个方向可以思考，就是设定的风格是明亮感还是质朴风格？单色系布料整理的时候可以分出深浅，彩度浓郁上亦有分别，如果加以设计，不同的明暗与彩度搭配，就算是单色系也可以得到不同的感受。

咖啡色同色系的渐层搭配

咖啡色，来自黄色系的浊色演化，往回加上不同程度的灰白使明度得到提升。这里要注意的是色系的纯度，在渐层布料当中有没有混入其他色系的浊色演化。

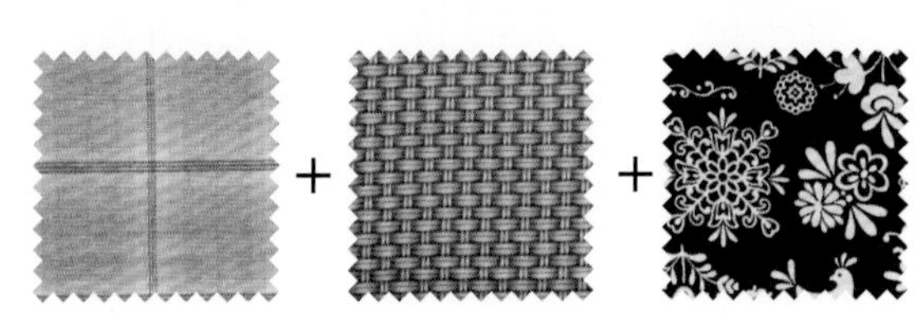

单色配色，可以这样搭搭看

橘色系的搭配

蓝色系的搭配

黄色系的搭配

Lesson 01
明亮与质朴感

明亮感的营造

在明暗挑选上，要特别注意布色在彩度上的纯然，如果在搭配上混入不同程度单纯灰阶影响彩度，会破坏设计中对于明亮感的设定。明暗的对比以及布花纹中加入不同程度的白或者黄，也会让作品增加明亮的效果。即便每个人喜好的风格不同，差距大致也仅在于花纹使用上的取舍不同，要形成明亮感的要件是无太大区别的。

质朴感的呈现

与明亮感相反，需注意的是降低彩度，加入不同程度带有咖啡色系的灰阶，将使布色产生明暗变化，或许看来有色彩褪去的陈旧感，或者是所谓的大地色彩，如此便形成朴素质地。质朴感的花纹搭配同样需要注意多样化，唯独在白色或者黄色的花纹上要谨慎使用，以免影响质朴主题的设计。

作品制作：谢宜琦

运用同色系的布色，加以不同程度彩度的变化，搭配同样具有明亮感的配件，成功营造明亮感的配色。

明亮感的配色搭配

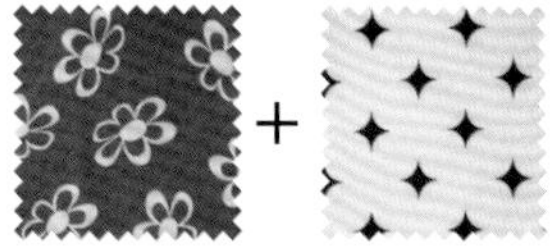
两个明暗阶段的搭配

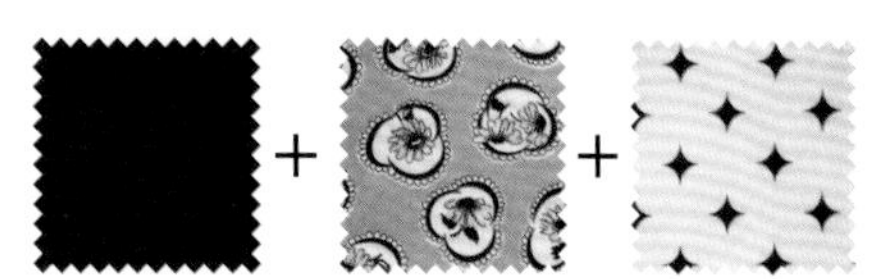
多个明暗阶段的搭配

质朴感的配色搭配

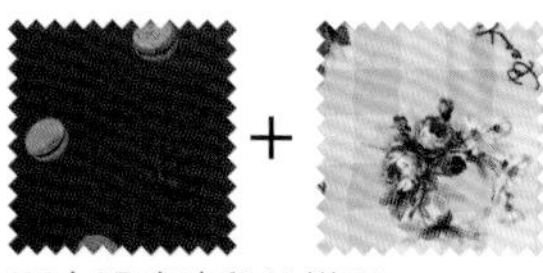
两个明暗阶段的搭配

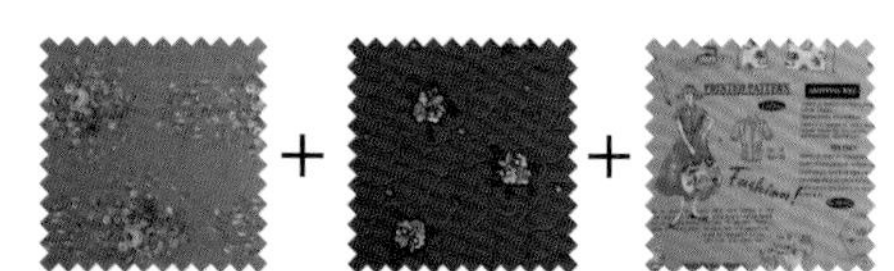
多个明暗阶段的搭配

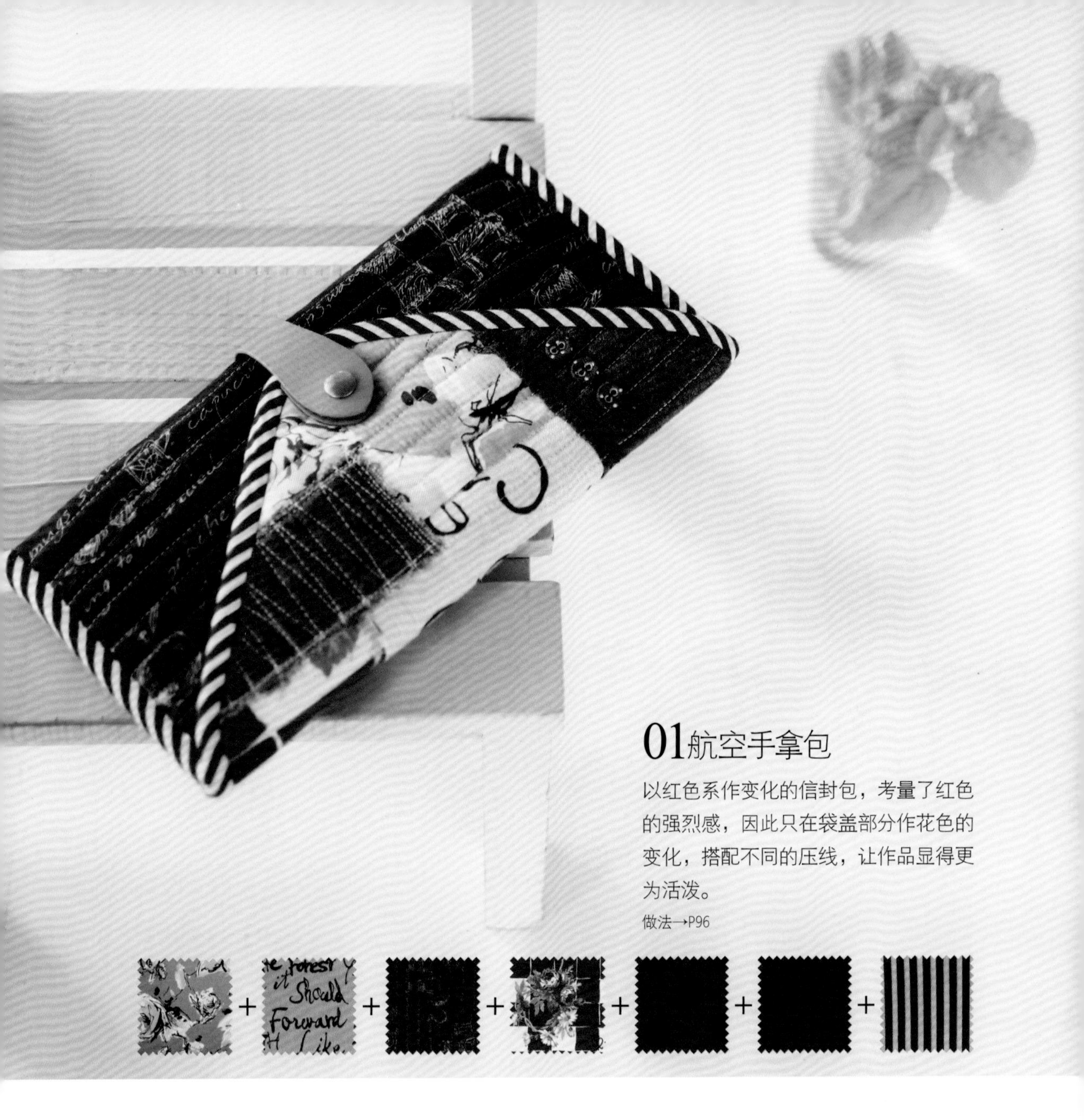

01航空手拿包

以红色系作变化的信封包，考量了红色的强烈感，因此只在袋盖部分作花色的变化，搭配不同的压线，让作品显得更为活泼。

做法→P96

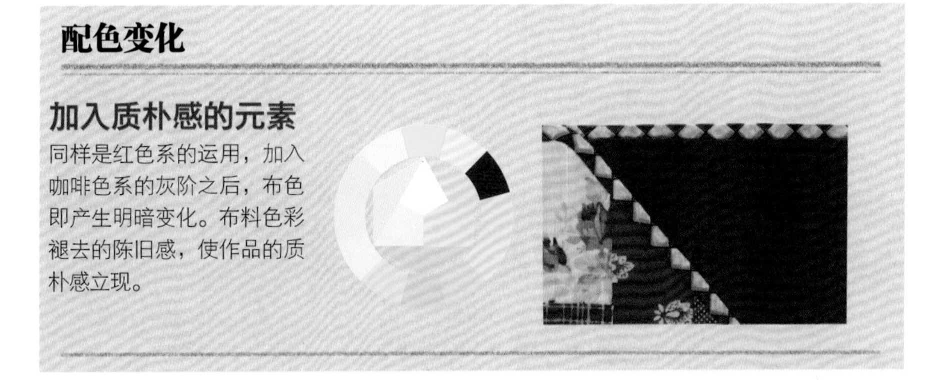

配色变化

加入质朴感的元素

同样是红色系的运用，加入咖啡色系的灰阶之后，布色即产生明暗变化。布料色彩褪去的陈旧感，使作品的质朴感立现。

02黄蜂练习曲口金包

根据口金圆珠的色系作同色搭配的时候，我想到一个问题：该保留多少黄色的彩度呢？符合设计主题跟色系的明暗、花纹很有关系，尤其单色系的作品，得靠这两项重点以避免作品陷入单调。

利用少许咖啡色让作品构图有焦点，布色中带有其他色彩的花纹，也让单色的作品不单调；黑色刺绣花纹刻意做出不细致的手法，让作品增加涂鸦般的童趣。

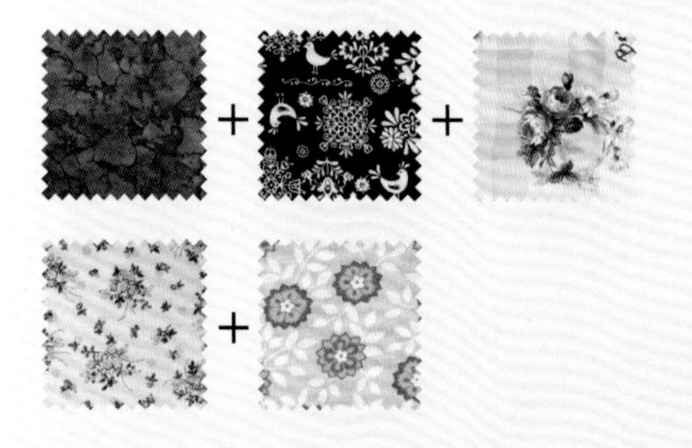

口金顶的圆珠让人忍不住想到水果糖。蜜蜂遇到花朵，应该也像我见到商店架上的口金时，一样盘旋回绕，然后带回一滴甜蜜收藏！

做法→P98

绿叶口金包

留声机里的沙沙声响，灰墙上的摇曳树影……湖水色的口金圆珠，让人感受复古的气息。作品采用带有毛料混纺的棉麻印花布，树叶贴布带来立体感。

做法→P100

+

配色练习

【水车图形】低彩度配色练习

找到圆环中填色的轮替逻辑后，设定低彩度单色系的配色原则，用明暗对比做出极简中性风格。

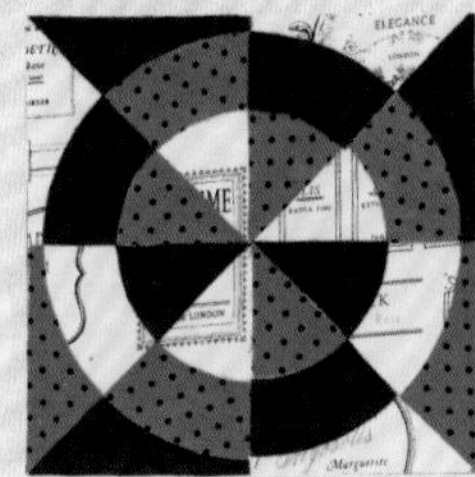

【水车图形】高彩度配色练习

相同的图形，让彩度提示色系的主题性，明暗度形成活泼感受，布花纹里其他色彩要注意所占比例。

Lesson 02
渐层色系的变化感

色彩的渐层关系

无论是纯色混入单纯灰阶，还是纯色混入带有咖啡色系的灰阶，因为不同程度的加入，使布色所产生的阶段变化，在我们肉眼可辨中，从最浅色到最深色大约在十三个阶段左右，大部分我们所收集的布料约可略分出至少六到九个阶段，这是属于明暗变化的渐层性质。

在色相上也有渐层的变化关系，以十二色相环举例，红色、黄色、蓝色等三原色分占整个圆环的三等分位置，黄色与红色之间所存在的橙色，就是两色系等比相加的结果，再细分出橙色与黄色之间的黄橙色，也是黄色与橙色两色等比相加的结果，以此类推产生出十二种基本的色相变化。

丰富视觉效果的变化

渐层色系的使用，可以让设计产生丰富的变化。拼布属于较为平面的设计，使用渐层可在平面中表现立体与光影，甚至制造透明的错觉。观察自然环境中存在的色彩，渐层处处可见，秋天的枫红或是台风来临前的黄昏时分，丰富变幻的色调中，就同时具有色相与明暗的色彩渐变。

这里再次重提整理布柜时依色系及明暗排列的归类方法，读者可尝试以表格整理出单一色系的明暗，例如每色系可分出九个明暗阶段，先行挑选一个色系，从最中央大约第五阶贴上该色系最鲜艳阶段的布料，以此类推，往上贴入渐渐明亮的布料，往下贴入渐渐深色的布料，其他色系再予以比对，寻找出明暗等比的布料一一贴上，直到完成十二个色系的整理。借助这样的工作，除了可以练习对于明暗变化的辨识，更重要的是通过整理能看出布料收藏中的不足，也可增进辨色能力。

配色变化

紫色系的渐层运用

三个阶段的渐层，放置的位置上下左右互相交错，产生平衡，也制造深浅色花纹搭配的趣味。

棕色系的渐层变化

这里使用的棕色带有一点橙色，因此加上一点点暖色带来柔和感。低彩度的配色更要注重花纹可以带来的丰富性。

03圆的游戏：三层零钱包

作品用了我自己很喜欢的土耳其蓝，也就是蓝绿色。这个作品中，多种类型的花纹增加了丰富性，淡化彩度产生留白，不过又刻意保留了些灰度，让作品避免落差太大产生的突兀感。

深色跟浅色之间，如何调配呢？先设定最深与最浅的明暗，设定彩度存在的浓度，然后挑选考量花纹，除了运用不同性质的花纹外，素色布料的运用也可使人对作品颜色的印象更深刻。

圆的重叠，如水波纹一样同心蔓延，也如花裙飞舞，水兵带的装饰，就像裙摆的细碎花边。

做法→P101

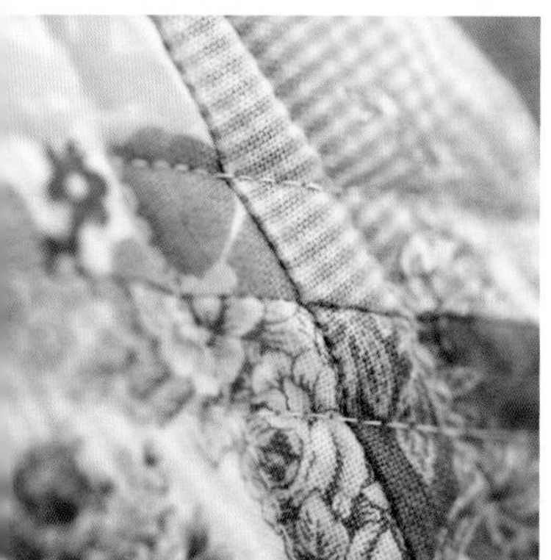

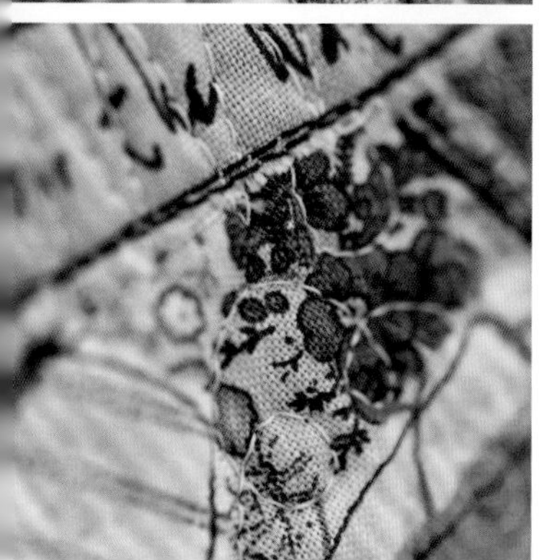

04紫色系手提包

紫色，以往是布料印刷中很少出现的色系，如今因为印刷技术进步，每季的新品当中总会见着各式紫色印花的身影。这个作品的设计里，紫色主题是最早决定的方向，浓淡之间的分际，没有因为想要保持彩度而只用彩度高或者不带浊度的色阶，反而采用了有一点浊度的袋身表布，如此整体袋物便产生厚实感。厚实的手感可提升作品的质感，这是设计时的必要思考。

配色变化

袋物使用图案布的搭配

蓝紫色，清爽、透明，具有空气感！在优雅的风格中，还会给人沉静的感受。袋身表面使用主题花纹，主导整体作品的个性。

相近色系的预习

由于橙色具有的暖色性质，无须加入花纹元素就很容易吸引视线，所以利用不同程度的深浅稀释彩度，有时接近的色系可让设计更细致。

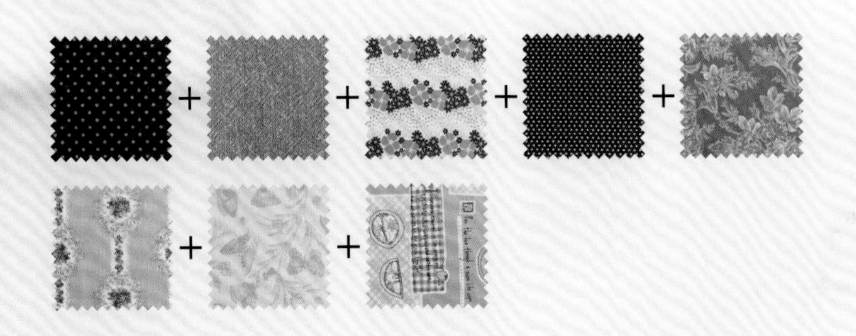

呈现紫色的优雅。在袋物侧边使用自然花草图纹，深浅交替，重组拼接；袋表的图案布装饰有俏皮感，像剪贴一样好玩！

做法→P103

Topic 2
双色配色

对比色系的强调感，相近色系的柔和感，是双色配色的重点，再加入单色配色中已经练习过的明暗渐层和彩度调配，就能设计出更丰富的搭配变化。

双色配色，有两个对比色系的组合方式，也有相近色系的组合方式。练习完单色配色中关于花色与渐层运用的部分，双色配色需注意的是色系设定上的逻辑选择，按照主题或者风格所需设定对比或者相近色系，设定完成以后，进而决定明暗阶段与花纹搭配，最后根据设定的逻辑挑选布料或者寻找素材。

对比色系与相近色系的效果

对比色系与相近色系的配色方法，在效果上有何差别呢？

对比色系的配色，因为色相上的相对性，容易因对比带来凸显或者强调的感觉，凸显与强调的强弱决定于对比色系所占面积的不同比例，比例悬殊，在小面积使用容易吸引视线的布色，例如彩度较高或者颜色较深的布色等，更容易让设计的主题凸显。

相近色系的配色，产生的则是较为柔和的效果。使用相近色系，更容易营造出统一、融合的设计质感，所以某些特定季节场景的设定，如冬季雪景、夕阳或者朝霞等，就非常适合使用相近色系的配色法。

双色配色中的明暗与渐层

在明暗渐层与花纹的搭配方面，若在对比色这类两色搭配的逻辑组里面运用，将产生淡化对比的效果，且花纹的多样性会使色相对比产生的强烈反差转为趣味感。而相近色的配色逻辑里，明暗渐层的加入运用，会使已带有色相渐变性质的视觉效果更加具有深度，呈现细腻质地，当设计主轴想呈现的是细腻柔软的质感时，就尤其要注意花纹的调配，慎选花色，若使用了底色与花色本身对比的花纹，会使配色带有活泼感，这一点是与对比色系配色的不同之处。

明暗使相近色系有变化

相近色系的组合中，明暗度的安排让相近色系产生色调曲线，这里的双色配色属于配色的入门初阶，若希望在平面作品中制造光影的视觉效果，可试试这个技巧。

对比色系加入明暗度

与相近色系比较而言，对比色系加入明暗度就比较难在其中产生柔和的曲线变化，但是对比色系的明暗度加入，确实也能削弱对比的强烈反差。

暖色调倾向的双色配色

作为中性色彩，黄色存在于冷暖色系交界处，向左走向冷色，向右得到温暖，若将同样性质的紫色稍微调整与之搭配，就可呈现暖色调倾向的双色配色。

强化双色配色的冷色调感受

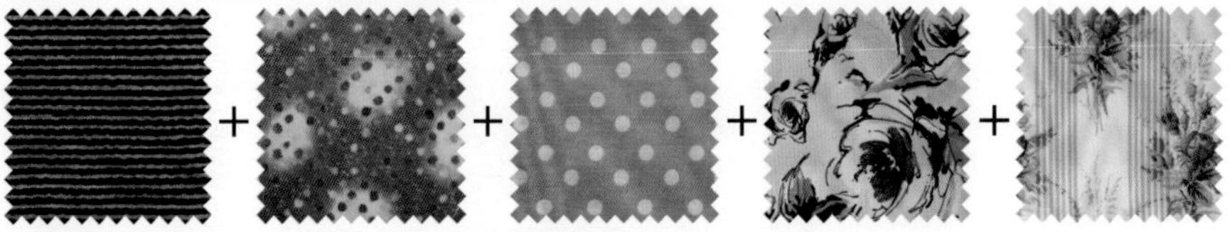

黄绿色有暖色调的性质错觉，与纯粹冷色调的蓝绿色互搭，将强化双色配色的冷色调感受。

Lesson 03
同色系与黑白色系

黑白色系的归类

从开头到现在，我们提及的都是十二色相环当中的有色色彩，那么黑白色系呢？黑白色系不计入色彩行列当中吗？实际上，色彩分为“有彩色”与“无彩色”，十二色相环（或者其他如二十四色相环）中的各色相都是有彩色，黑白则列入无彩色的色相范围。除彩度不计外，明暗度的性质差异同样也存在于黑白色系的变化当中。

黑白呈现不同效果

若我们将黑白色系也列入配色的色系行列中，有色色彩与黑白色系作搭配，会带来怎样的效果呢？著名画家蒙德里安的作品就是很经典的范例。黑色的线条把彩色几何做了分隔，因而产生一种平衡，转移了对比色所应形成的抢眼焦点，同时黑色线条的突出形成一种强调，作品风格立现。若在有彩色的运用中加入白色，则会给作品的浓郁或者对比制造过渡空间，产生轻快感。

黑白本来就是很干脆的色系，任何一种单一色系的加入都无法抹灭黑白色系的突出。黑与白的对比会产生绝对的冲突，加入渐层的明暗后，既保留了黑白色系的爽利个性，也多了温柔的调和。

作品赏析

05红与黑白壁饰

简单地从有彩色当中挑出红色与黑白色系搭配，这两个色系中，分别都设定三到四个明暗阶段，同时注意花纹的选择；黑白色系让作品产生时尚感，几何的拼接形成块状分割，明暗阶段造成丰富变化。这样的例子在很多富有时尚感的作品中，或者在二十世纪五十年代西洋复古风格的作品中，时有所见。

这个作品的创意来自每个月往返上海与台北的飞行，机舱窗外底下的土地、房屋的影像交错、夜晚的云朵、灯光闪烁的样貌，都呈现在壁饰中。使用了棉布、纯棉铺棉、聚酯纤维网、金属压线与聚酯纤维压线，以轮刀切割完成，没有一条拼接线条是直线，都是弧度拼接，加上自由压线。利用工作中的零散时间慢慢完成，在2010年日本横滨拼布展Mini Quilt的比赛中，获得“金龟企业赏”。

06复古风提包

将红色系更换为黄色系，同样与黑白色系搭配，让黑与白担任主角。在三角分割的几何中，分散出现的黄色系带来轻松透明感，这样的搭配也形成复古时尚风格，与红黑两色系的结合效果比起来，多了分可爱。

黑、白、黄，加入图案布点出作品主题。因为黄色的存在，冲突中略带轻快！

做法→P105

Lesson 04
对比色系

对比，意指两色的共同存在使彼此的差异明显，这样的定义之下大致可以分为“色相对比”“彩度对比”与“明度对比”这三种。由于对比的关系，两者相互影响产生明显的差异，比如红与绿、黄与紫这类色彩学上称之为补色对比的关系，因为明显的差异，所以相对看起来鲜艳活泼。

基本上，学习两色配色，从色相环上正180° 角的对比关系开始，是很好的入门练习。初学者不妨借助对比色系的练习，学习调整明暗与选择花纹，试着从对比强烈的组合中找出平衡感，再继续尝试三色、四色，甚至五六色以上的搭配，会是很好的基础练习。

生活里常见的季节性配色，较为明显的是圣诞节的红色＋绿色，用这样的对角关系，找到橙色＋蓝色，以及紫色＋黄色，就不是多么困难的事情了！

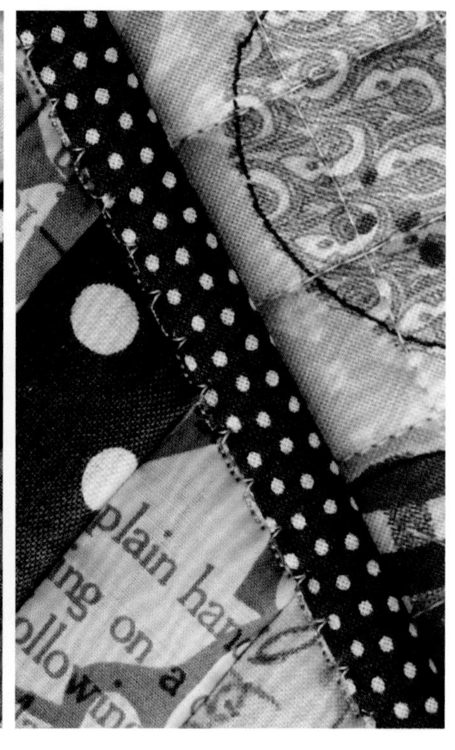

家里的厨房有些什么颜色呢？鲜艳明亮活泼的配色，会让人联想到好吃，联想到游戏。如果要给繁忙的厨房工作增加些活力，不妨多来点颜色吧！

做法→P107

07心形隔热两用手套

看出来三组配色的不同了吗？分别是橙+蓝，红+绿，紫+黄，这三组都是色相环里面的180°对比关系。分别在每色系找出三到四个明暗阶段，加入花纹的变化，呈现出来的即是活泼明亮感。这些示范作品以彩度较高的布色进行搭配，也可以尝试使用彩度较低的布料，会呈现不一样的感觉。

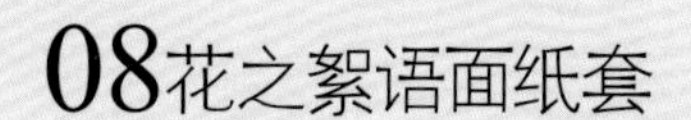

08花之絮语面纸套

蓝紫色与橙黄色系的布料平时较为少见。我们对于主色系较为了解，对于副色系如黄绿、蓝绿、蓝紫、紫红、红橙、橙黄等，因为它们与主色接近而容易产生辨识困难，加之布料带有花纹，色彩上有时也会有更加细致的变化，因此辨色上需要更为用心。从作品设计的便利来说，一旦发现副色系的布料出现，因为少见的关系，建议马上就采购纳为收藏。

蓝紫色与橙黄色的搭配感觉清爽，很适合家饰品的配色。属于冷色调的蓝紫，因橙黄的加入有了“温度上”的调节，下次不妨用这样的搭配做个抱枕试试！

做法→P109

配色变化

传统的圣诞色系

红与绿，是提到圣诞节时脑海中马上浮现的配色组合！除了浊色调让风格带有乡村风以外，试试把彩度提高，看看会有什么变化吧！

紫色与黄色的成熟配色

在这里，黄色系使用了咖啡色，让作品多了些许成熟的印象。提醒一下，在黄色系中找寻咖啡色时，需注意辨别其中是否带有或者混入了相邻的色调。

Lesson 05
相近色系

相近色系的效果，除了较对比色系柔和外，也较易形成统一的氛围，这是在之前就提过的。降低彩度或者调整明度而产生的相近色系配色，可让设计更加柔和或者朴素，但这里也要注意花纹的使用，如果花纹中对比较强或者彩度高，那么原本想要的柔和或者朴素感又会因花纹的影响而转变。

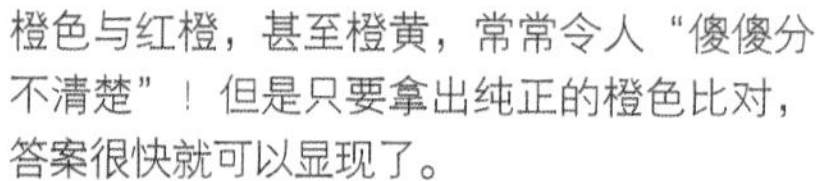

橙色与红橙，甚至橙黄，常常令人“傻傻分不清楚”！但是只要拿出纯正的橙色比对，答案很快就可以显现了。
橙色与红橙这类感觉“热情如火”的色彩，其花纹的安排可以削弱浓郁感造成的压迫，当然配件也是！

配色变化

蓝绿的温故知新

在前面有提到，蓝绿色会带来复古气息或者民族风格，所以挑选布料的时候，或许可以避开复古图纹的安排，不妨试试几何还有花朵，让风格有些不同。

很有女人味的色彩

若说红色是二十岁的烈日初升，那么紫红就是接近三十岁的轻熟风韵了；女性化色调中加上爽气的直条花纹，多了大方感。

09收纳信插

红橙与橙色是这个作品的主调，两色都属于暖色系的范围，加上高彩度的搭配，整体色彩十分饱满。在找红橙色的时候会遇到一些困难，因为要将红橙色与红色作分辨，着实要花一些眼力，不过若在布料买回来后就进行归纳整理，找布的时候就会轻松一点。

精简的配件在这个作品中的作用是转移视觉焦点，适度调整橙色系的视觉冲击力。记住这个技巧，以后遇到作品需要装饰以增加丰富性，或者作品需要转移搭配焦点时就可以用上！

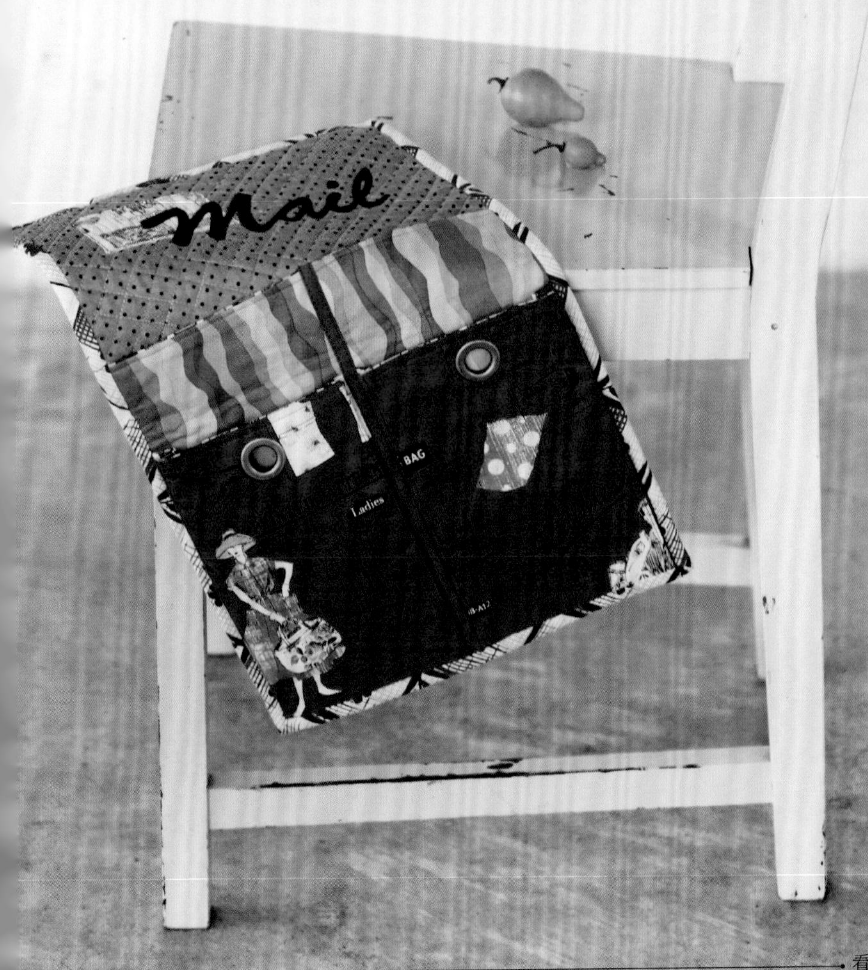

复古花纹用在现代风格的作品设计上，搭配得当会有复古又现代的时光错觉！几何的随意线条，在格状分割的布块上稳定了作品的重心。

做法→P112

10文艺复兴侧背包

黄色在印花或者其他种类棉布中很常见，各种明暗色调或者布的厚薄，可使搭配产生质感上的变化，而使用黄绿色要注意的是，在挑选上要慎重地与绿色进行辨别。

这个作品在黄绿色与黄色的选择上彩度都算高，但刻意避开暗色系作搭配，避免因为降低明度而使高彩度更加凸显，同时又因彩度的保持保有配色上的厚实感。

配色变化

绿色与黄绿色的混搭协奏

最先看到的是浓绿色的图案布，复古花纹很容易发展成"维多利亚风格"的作品，但不妨试试加入"杂货风格"让它特别一点！

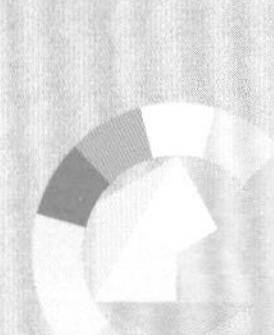

日本传统风格的混搭实验

紫色的日本风印花，也能有年轻感的现代搭配吗？这是我的起始想法，所以加入外文字体印刷纹路进行实验，但主体还是维持日本风格的主调。

印花布上比较少见的花色：黄色与黄绿色的搭配。当我面对袋物表面所使用的主题布料时，那略带黄绿色调却又有陈旧感的视觉特征很令人着迷，所以特意用了彩度较高的布色以使色系主题加强。

做法→P114

Topic 3 多色配色

需要注意平衡或凸显的多色配色，有更多配色技巧，也有更多样的变化逻辑。最需要练习的是各色系的比例掌控，还有明暗的比例和花纹的搭配。

经过单色与双色配色的入门练习，开始进入挑战阶段了。多色系的搭配，重点依旧在色系设定、明暗深浅，以及花纹种类的搭配上。

多色系的搭配应该注重的是各色系比例上的掌控，当然也有各色均等、共同存在的状态，但就算如此，也可用调整明暗比例或者花纹的搭配设计去达到凸显或平衡。

多色运用的色彩推算法

基本上，多色搭配的逻辑跟两色相似，而对比的关系也将从两色的补色对比，进展到三色对比或者更多的色系搭配，设计的目的在于追求均衡之美，色相环的作用在于整理列出色相的渐变轮替。

建议列出色相彼此之间的关系，因为是圆环排列，也很适合用角度均等的方式寻找出配色所需的各种色彩，比如三色，就是360° 三等分，也就是每隔120° 角一色系，四色系的话就是360° 四等分，也就是每隔90° 角一色系……大致可以此类推。

但这样并非就是唯一方法。三色配色另外还有角度不均等的“分裂补色”，以及相近色系（同色相）的三色配色法；四色也同样有相近色与分裂补色的方式；五色以上还有从多数色彩用布中，谋求共同统一色当做第五色系的配法……这些方式以下会陆续介绍。

举例：素材的颜色加入

素材，甚至在底布这部分常会用上的原色麻布，也应该要计入配色的角色排列中思考。蕾丝的米白其实有多种层次的深浅，就算是原色麻布或者素米白色布料也是有不同的层次，这些犹如空气般存在的原色，在多色布料的配色当中会有调和的作用。

多色配色，可以这样试试看

黄绿＋蓝紫＋红橙

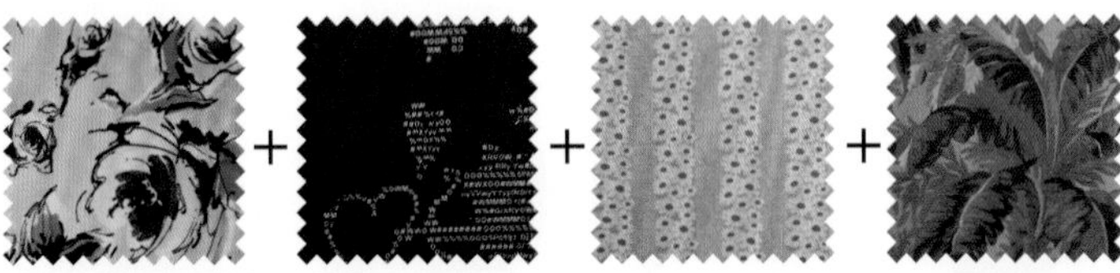

黄绿＋紫红＋蓝色＋橙色

橙黄＋蓝紫＋红＋绿＋综合色

Lesson 06
三色配色

如本节开头所提，三色配色可利用色相环三等分，得到三色系去做配色，挑选出色系后，依照图形或者作品的设计需求，继续设定深浅搭配的明暗规则，形成设计所需的数列，比如图形或者作品设计中需要的是六个布色，那么拆解变成：需要三个色系各两个明暗共六色布料，于色相环中先找出间隔均等的三色系，依照明暗设定再选择花纹搭配的种类，依照设计分别置入，大致这样就配好了。

三色的配法，除了在色相环中找出120° 角均等间隔的三色以外，还有别的方式吗？120° 角的正三角可以得到三个正比的对比色，从色相环中挑选出一色，要找出两色对比的话，就是这一色与正对的色系为互补对比色，若将其中一对比色分裂成左右两色系，那么将可以得到三色组合的分裂补色关系。

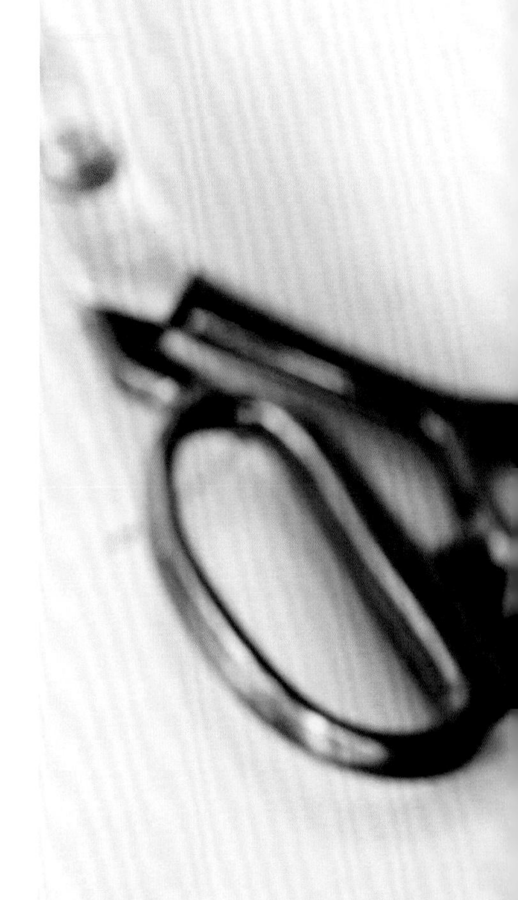

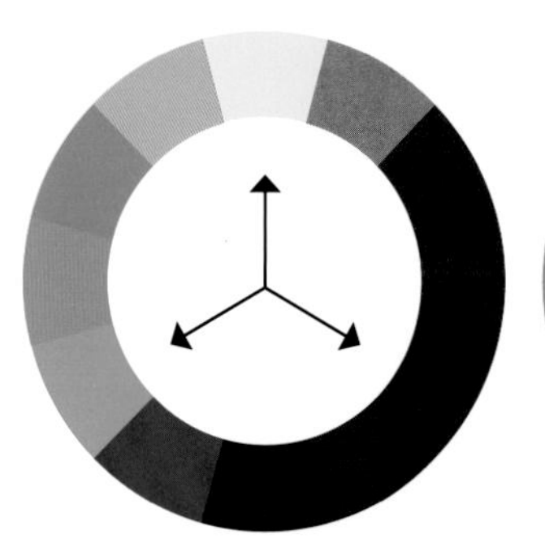

正三角的三色关系组合

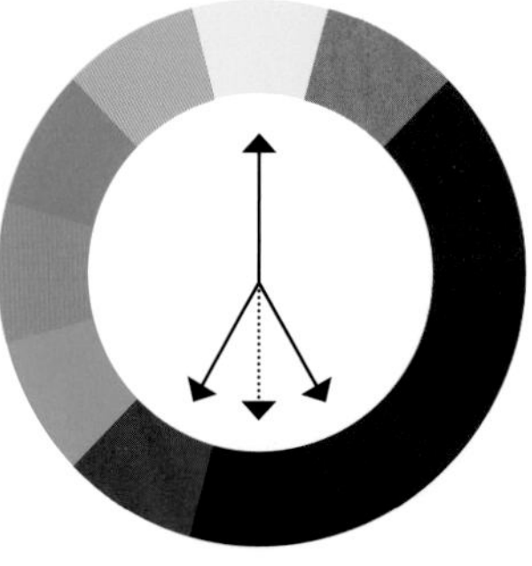

分裂补色的三色关系组合

11剪刀套

色相环中最经典的红黄蓝三个正对比的三色组合。在简单的作品中，要先将配色主轴设定出来，比如三色搭配以何者为主，其他两色的表现比例大约各占多少，经过这样理性的逻辑思考，才能将感性的设计转变为有效率的实践。

注意到了吗？本来是彩度很高的色系，可从花纹与明暗色阶来调整。作品整体先以蓝色系打底，红黄两色担任花朵的立体装饰角色，在小的地方采用颜色较深或者彩度较高的花色，借以平衡整体配色与蓝色系部分的比重。

钢材是剪刀最主要的材质，总是给人冰冷坚硬的触感，容易联想到男性或者中性化特征。拼布离不开剪刀，拼布爱好者多半是女性，基于这样的考虑，这个剪刀套，就以中性化的蓝色作底，再加上女性化的花朵绿叶等元素。

做法→P116

配色变化

另一中性色系的设计

绿色在色环上属于冷色系，带给人平和稳定的感觉，绿色在复古时尚的风格和温暖乡村风格中，都是不可或缺的存在。这个配色一样使用女性元素调节。

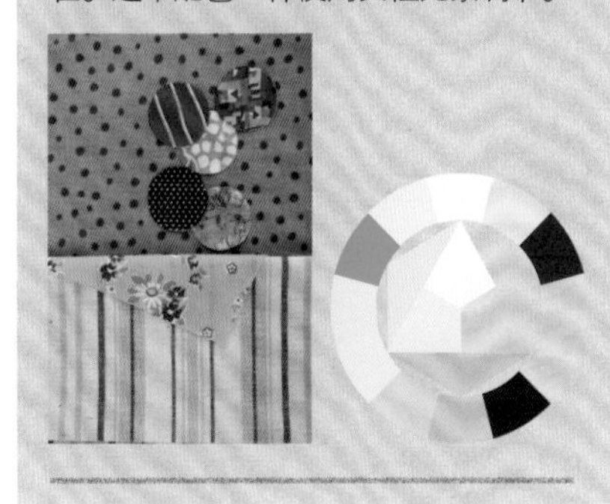

12口金收纳包

因为喜欢作品中那块纯粹红色的棉麻布料，于是就从它出发
分裂补色逻辑里面的另外两色。

红色正对的补色是绿色，依照分裂补色的关系，往绿色的左
右边寻找另外两色，得到黄绿色与蓝绿色，这两色与红色的
就是分裂补色的三色关系。

明暗的设定上，因为红色的彩度已经很高，这个作品又并不
现浓郁深沉感，因此将红色的彩度当成最深色，挑选黄绿色
绿色布料时，就偏向轻快感，但虽是这样设定，也要注意到
浓度的存在感需要并重，不要因为追求轻快感而将蓝绿色
绿色的彩度过于弱化。

+ + + + + +

简单地利用分裂补色原理做了一组搭配。在这里红色想呈现的是可爱的、迷你的色彩特性，巧用图案布进行点缀装饰更加凸显主题。分裂补色的搭配可将对比产生的明显差距稍微柔化，配合明暗度的调整更可将落差稍加平衡。
这里要提醒的是，图案布的使用也可转移对比差距造成的视觉焦点。

做法→P117

配色变化

副色系的三色练习

主色系与副色系的差距在于人眼对于色彩的纯度的辨识差距，这要延伸到色彩的波长原理才足以说明。这个搭配依旧使用相同的色彩浓度，但相较之下的确比原先的红色组合柔软一些。

Lesson 07
四色配色

90° 的对比配色

在双色配色环节，我们学会了正对比的两色关系，挑选黄色找到正对比的紫色，挑选绿色找到正对比的红色，挑选蓝色找到正对比的橙色……这是运用在入门练习中的两色配色原理。那么四色呢？试着将色相环四等分可得四色，这是最简便的四色产生方式。发现了吗？这就产生了两组各180° 对比的四色，也就是说，如果先找出正对比两色，产生的四色中会有冷色系两色以及暖色系两色，再由这两色系为发展基础，接着设定明暗阶段与各色的花纹种类，这就找到了打开四色配色大门的钥匙。

双重补色对比

那么必须要从这一配色逻辑开始练习吗？事实上，尚未对配色有所了解，或者是尚未对色彩有细致观察的人，能明显分辨的大多是对比较为强烈或者鲜艳的色彩，这一点可从生活里发觉，比如孩子们所喜爱的物品大多鲜艳明亮，原始部落的色彩搭配也多半对比强烈；而文化较为先进的地方，色彩搭配则追求精致细腻，比如日本的和风或者丹麦的北欧风格。

初学者不妨以对比与明暗的交互运用作为入门，这样对色相彼此的关系位置能有了解与运用的基础。熟稔之后进而缩小对比范围，比如颜色的选择由正对比移至相隔角度较小产生的“双重补色对比”。

“双重补色对比”的四色关系中，产生了两组相近色系的对比。相较于均衡90° 角的正对比，相近色系的对比视觉效果较为柔和。在这里依旧要注意明暗阶段与花纹搭配的选择，“双重补色对比”只是色相的对比关系，要提醒的是，一样可以用明暗阶段与花纹搭配产生风格上的不同变化。

双重补色对比练习。在柔和的组合中，布料花色的差距产生搭配上的多变。彩度高与颜色深都容易在作品中被看见，利用这个特质，在组合当中将这两者进行适当分布，并且多注意保持空间的留白。
（作品提供 / 吴聿畋，指导 / 游如意）

13六角花朵针插

黄绿色对紫红色与蓝色对橙色，黄色对紫色与蓝绿色对红橙色等，都是彼此相隔90° 角的四色搭配，因为正对比的关系看起来比较鲜艳，所以稍稍调节一下色系的明暗色阶。花纹组合各异其趣。在缝制拼布的过程中，尽享这个针插带来的活力吧！

正90° 的对比看起来比较鲜艳，调整明暗度便产生了节奏与层次感。这个作品利用零碎布料制作完成，很像幼时玩乐的沙包，具有好玩的童趣！

做法→P119

配色变化

将集中视线的布色置于中央

类素色布或者彩度高的布料容易聚焦视线，也就是大家所谓的“抢色”。善用这样的特性，在这类环状组合的结构里，将之置中。

14工具收纳包

紫红色、黄绿色、紫色、黄色，这四色在色相环上形成两组相近色系的“双重补色对比”组合，一样是彼此对比的关系，相对于“正对比”，会产生较为柔和的对比视觉效果。通过调整明暗，降低部分彩度，比如在黄色系中另外加入同色系的延伸——咖啡色系搭配运用，但又通过零散布块的点缀，保留部分色系的彩度。这样在整体配色上刻意安排出强弱不同的节奏，让作品在相近色系的搭配中呈现丰富的内涵。

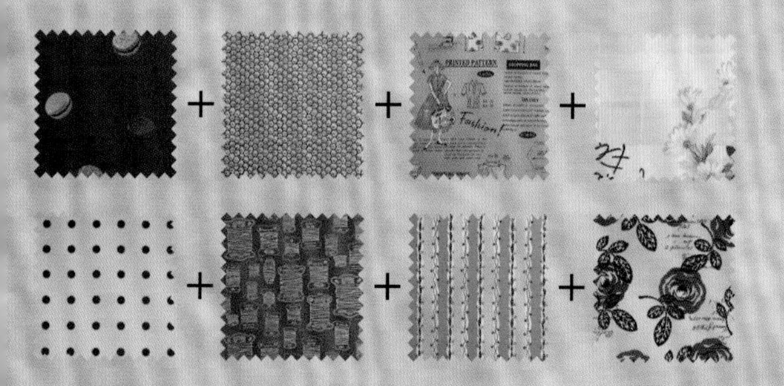

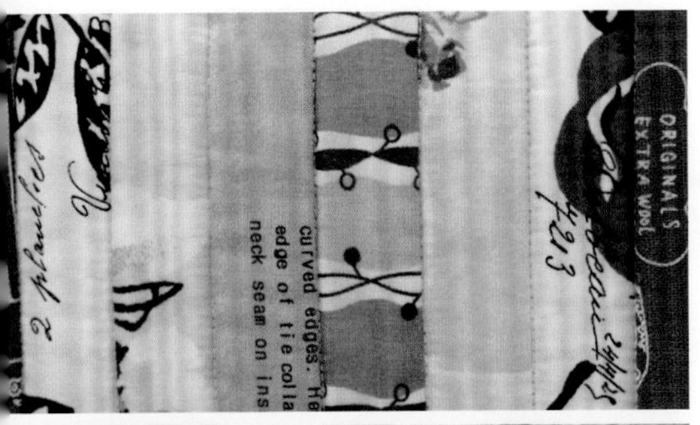

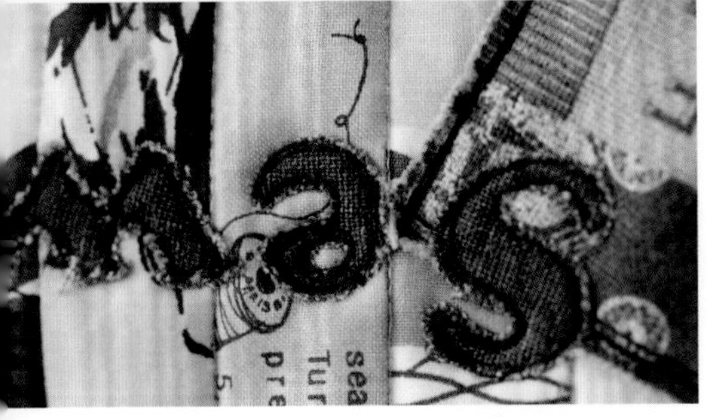

配色变化

相同图案布的另外搭配

相同浅咖啡色的图案布，换了配色的变化组之后，另外拉近明暗度的均衡，这种较为清淡的配色版本相信完成后也很好看！

朝气十足的颜色组合

蓝色与橙色的元气组合，在女性化花纹与色彩之间，变幻出鲜明又轻快的韵律感，是简单好看的清爽搭配！

古与可爱，是这个作品想要表现的感觉，想呈现出大人味
可爱，咖啡色是巧克力的联想，苦甜巧克力则有大人味的
窗；高彩度的紫红与黄色，给这个设计带来轻熟滋味。

→P120

Lesson 08

五色配色以及更多——衬托与结合的产生

以四色配色逻辑找出第五色系

进展到五色色系，是否已经熟悉色系的简易运用逻辑，直接想到可以用数学计算，将色相环五等分得到五个色系？的确，利用数学计算对于色系寻找是个简单的方式，不过仔细想想，若以单纯的十二色相环为配色运用，每30°一色相，遇到无法以30°的倍数除尽的如五色系、七色系等等，就是有点困扰的状况了！

不过不用因为这样脑筋打结，何不转个方向，先把作品设计中每个色系的使用范围作个统计，选出四个色系，一样用四色配色的逻辑推进，设定好明暗的规律，找出适合的布花纹搭配，然后在所使用的布花纹中仔细观察，存在超过半数的花色就可当做“第五色系”了！

推算出可衬托也可融合的色系

第五色系的出现，可使作品产生统一感，因第五色系是由其他四色系的布花纹推算出来，这个色系使其他四色系有了视觉的接续效应，因此产生结合感。第五色系同时也可运用在衬托的位置，比如担任四色系拼接的底纹角色，它针对四色系产生衬托，同时也使四色系更有结合感。

全色系与同质色系

“六色系”“七色系”这些多色系的配色，可以形成“同质色系”或者“全色系”的配色方式。“同质色系”的意思，是相同冷色系或者相同暖色系的配色模式，比如黄绿色、绿色，以此类推直到紫色等都是冷色调；“全色系”顾名思义就是使用色相环中全部色系。这类多色系的配色，容易使设计产生过于协调的均衡，若需要在作品中制造焦点，可以在设计中先行安排焦点所在，配色后在焦点处加入“多色系”或“同质色系”以外的色系，如黑白色系，或者找出布花纹中存在多数的色系，调整彩度或者明暗使之突出，也可以达到强调焦点的目的。

利用色彩逻辑进行配色组合的想法，会使习惯“用感觉配色”的你不习惯吗？如果还不习惯，不妨先把配色的内容想成“多色系”，尽量从中整理出色调的综合色系，或者就如举例一样使用黑白色系的搭配。

15一个人的单车下午

单肩斜背包，可以前背也可以后背。制作的时候恰好是入秋时分，阳光开始变了，自然植物也开始有了暖色调的变化，于是这个包用了属于秋天的咖啡色与橙色主调，调和一点蓝色，像是刚入秋时尚分不清季节的夏季穿着，用这样的颜色表达季节的交错感。

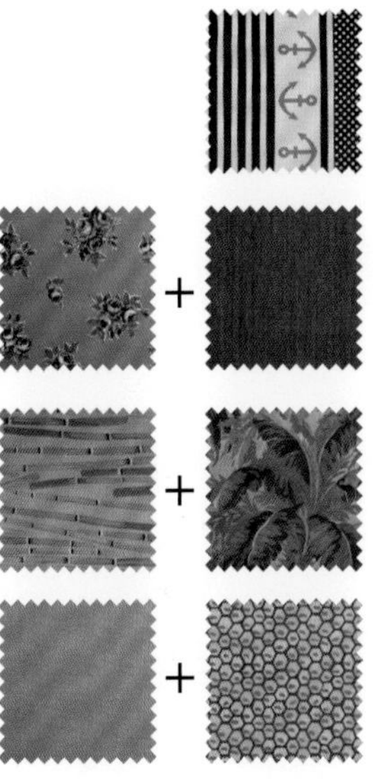

制作这个袋物的时候，要注意的是纸型的左右相反原则，方形小木屋拼接的部分要反方向点到点方式缝合。配色的时候可以稍微想一下对比度或者明暗度的差距，借此凸显图形。

做法→P122

16伦敦散步

英国国旗是这个作品的设计起始点。其实作品的点子来自学生的设计要求，学生希望以英国国旗的时尚几何分割，做出适合男友的重型机车腰包。对称的图形除了选用男性化的配色外，其实也可以做成女性化的风格，骑乘单车或者旅游都很方便好用，如果另一半也有重型机车，快点做个情侣包吧！

绿色，我又使用了最近很爱的这个颜色。
古的娃娃图配上紫红色与红花布的组合，
绿直条纹既率性又加强几何的图形结构印
咖啡色的细格印花拿来滚边，目的通过
格状态减小咖啡色的密度，又保留色系的
E。值得一提的是，红花布中的黑白印花
带来明快的装饰性。

法→P126

Part 3 · 还可以这样玩
配色逻辑进阶篇

Lesson 09
冷色系与暖色系

利用色彩营造意象

灰白、苍茫、酷寒……这样的形容词能让你联想到多少关于冬天的色彩呢？色彩的意象会带来视觉的感受，橙色、红色、黄色……让人感到温暖，蓝色、紫色、蓝紫色……这样的色系搭配则看起来觉得寒冷。虽然对于颜色的喜好与定义，会因为个人成长与生活经历而略有不同，但色彩的意象仍具有相当的共通性。

针对想要的意象作设计，除了在作品构成上作特别的安排，如以具体景色构成“形”的要素，还可再加上色彩布置，加强“形”的意念，综合成完整的作品呈现。

通过前面的章节熟悉了色系配色逻辑的运用后，接下来我们便可开始进入意象营造的色彩进阶技巧学习了。

暖色与冷色分别在色相环的两端相对位置，也是一种“对比”的关系！因为对比，所以巧用的话可以让作品主题凸显，也可加上明度变化，让作品在透明交叠的效果之外，同时具备焦点。

妥善运用中性色相

“冷色系”在色彩学上指的是从绿色到蓝紫色范围的色相，如蓝紫、蓝色、蓝绿、绿等；“暖色系”则是紫红、红、红橙、橙、橙黄等色相；而介于两者的黄色、黄绿色、紫色等属于“中性色相”。色相的性质分析属于主观分法，多少在中性色相的认定上会因人而异，但在色彩的设计上，色系的布置因设计所需，比如场景或者情感的设定，中性色相的局部使用总是合理存在，重点在于其构成比例需恰当，不喧宾夺主即可。

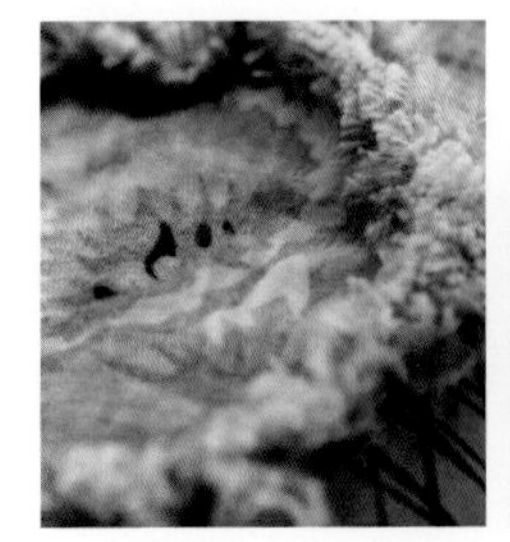

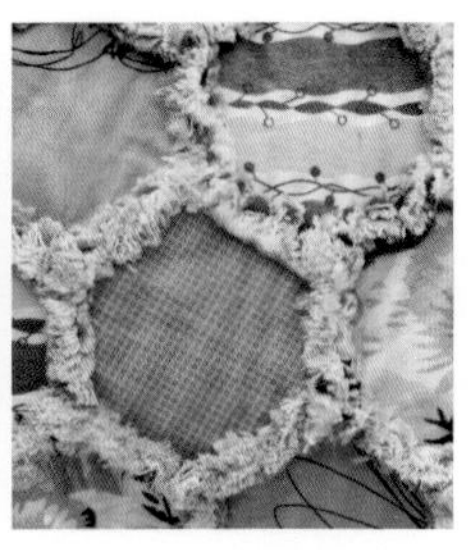

17 欧风市集提包

彩度很高的蓝绿色，配上灰色与蓝紫色，加上去掉大部分彩度的卡其色，形成有些冷静的感受。用特殊的制作方法，像保留缝份的毛糙做出厚度质感等，多少能让冷色系的视觉效果因质感反差而造成有趣的变化。

虽是冷色系的配色设计，但利用做法的变化产生厚实手感，厚实令人感到温暖，质感与色彩的关联在这里相反，也是一种平衡；或者试试用暖色系布料来做，又会有另一番风味哦。

做法→P128

18风车转转斜背包

橙色是暖色系中暖调视觉感染力效果最强的，这类单一色相性质的搭配要谨慎，因为一不小心很容易让作品就像烧起来一样，给人压迫感。可以降低部分彩度，利用彩度降低的方式产生设计空间；降低彩度要思考的是这样也许会让作品的风格转变，比如转向“质朴感”，若想要的不是这种风格变化，那么可以将降低彩度的方向转成加上白色作变化，也可以达成解除压力感的目的。

这是一款完全使用暖色调配色的作品。观察一下，配色当中虽用了带点黄绿的布色，但这只起了些许调和作用，温暖十足的橙色仍是整件作品的视觉主调。

做法→P131

Lesson 10

多色配色——统一与焦点

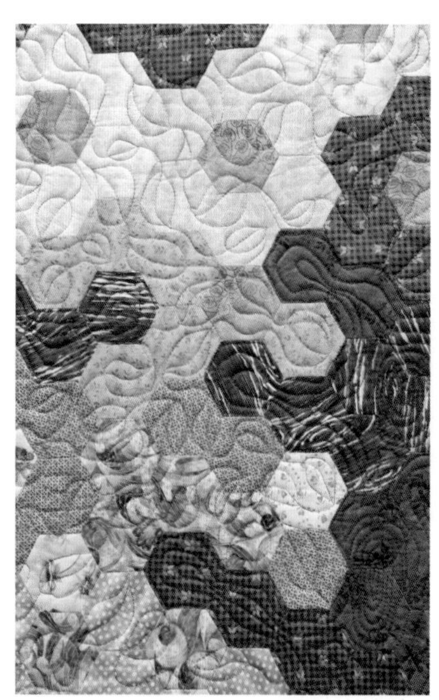

同质色系与全色系

多色系，如“六色系”“七色系”等，可以形成“同质色系”或者“全色系”的配色方式。“同质色系”的意思，是由相同的冷色系，或者相同的暖色系组合而成的配色模式，比如黄绿色、绿色，以此类推直到紫色等都是冷色调；“全色系”顾名思义就是色相环中全部色系的使用。这类多色系的配色，容易使设计产生过于协调的均衡，也就是具备统一感。

设计焦点营造视觉效果

为了使作品具有令人注目的效果，可在作品中设计视觉焦点，然后配色时于焦点所在处加入色系以外的安排，如黑白色系，或者从配色所用布料中的花纹，观察并统计其中存在多数的色系，再以调整彩度或者明暗使之突出，这也可以达到强调焦点的目的。

明暗与花纹搭配要更加细心

还要提醒的是，“全色系”与“同质色系”虽在配色上看来没有双色或者四、五色系的限制多，但同样需要注意明暗阶段与花纹的搭配安排。“全色系”的五彩缤纷是优点，相对的，却也容易失去配色重点或设计诉求；而“同质色系”的协调性是特色，因为色相性质的统一性，会让情感或者季节的设定主题得以强化，却也可能因此失去焦点。所以在设计的构成与色彩运用上，多色系明暗与花纹的搭配要更加细心。

多色系的特点看起来丰富有趣。这类多色系的作品中，色彩的丰富性是特点，为了避免过于眼花缭乱，利用明度调整以及特意安排重点来集中焦点，是可行的方法。

19花漾书袋

这个作品使用同质配色的原则。简单的配色，加上不同类型的花纹与明度调整，做出利落、雅致的作品。一般会利用深色或者彩度高的颜色作为焦点配色，但不妨也试试白色吧！

这个作品使用自由曲线的车缝方式完成白色雏菊花片的制作，如果使用羊毛毡、不织布等材料取代也是可以的，另外花茎的材质选用仿皮绳，会增加些许制作难度，也可换成水兵带试试。

做法→P133

Lesson 11
季节感与情感

用对色彩彰显季节感

也许因为居住在城市或邻近大自然的乡镇，或者因所在国家的纬度不同造成气候特性不同，人们对于季节的变化感受会因此有差异，但落日夕阳、夜晚时分、清晨朝露……这些每个人都曾经历的一日变化，对颜色的观感仍具有共通性。随着旅行累积记忆，或者利用网络媒介想象暂时无法抵达的远方景色，大家对于季节的了解越来越不因个人居所而有太大差异。

如果想在作品上表达关于冬日旅行的记忆，那么一定离不了雪地景致、苍凉却又精致的树梢冰柱、森林里透着烛光的滑雪小屋等。春季山道上粉白的桐花，夏季沙滩的活力排球赛，这些，除了利用构图设计出季节主题外，色彩的设计也十分重要，否则，若是以夏季的活力色彩来为雪地景致配色，就会显得格格不入了。

不同色彩性质表现情感

情感也是，虽然对于情感与色彩的联结，会因个人因素而有些微差异，但大部分的感受差距不会太大，比如“甜蜜感”联想到的颜色有粉红、鹅黄、黄绿、橙黄，甚至部分蓝色与紫红色调等；对于颜色的重量感，浅色轻盈、深色沉重，也是太多人具有的共通性。

在表达我们对情感与季节的感觉前，应该对色彩性质与变化先作了解，针对情感色彩与季节色彩，捕捉这类具有目的指向性的意象，最好的方法就是在生活中多加观察，翻阅书本杂志，看看搭车经过的街景，仔细体会眼前的影像中构成的彩色分子——由生活去感受色彩是最活用的教材。

冬天、夏天、秋天，你联想到什么颜色呢？秋天的枫红与浓绿，夏天的水蓝纯白，冬天的节庆色彩，观察一下各种生活细节，不只大自然，百货公司的季节海报以及节庆商品都是很好的参考。

作品赏析

20 拜访春天

观察过春天的颜色吗？百花齐放的春季，红花绿叶之外还有其他色系的存在，哪一种色彩能代表春天里的彩度与纯度？橄榄绿？还是掺杂灰度的红橙色？制作作品的时候不妨以此思考来筛选布色。作品中大块状的色块表现，爽利地点出春天的主题，黄色的边框则让主题更集中。

壁饰设计要从哪里开始呢？一个图形、一张照片、脑中浮现的曲线构图，都可以是一幅作品最基础的设计来源。花朵造型、花园、围栏……是最开始有的设计想法，翻阅国外比赛作品集也可以有构图或者制作上的参考。颜色的设定跟季节等作品主题有关，布花的选择是在颜色规划之后，如此构成一个壁饰作品。

这样似乎还是有些门槛，也许可以将书上看到的壁饰，先练习变换主题的颜色设定，甚至连布质也试用不同质感，看能带出什么效果，试试看吧！

21城市星光

城市的夜景，在旅行过程当中往往使我迷恋不已，香港的维多利亚港、东京的六本木、休斯敦的大楼天际，都让我印象深刻！

夜晚的颜色是什么呢？星光闪耀的颜色又该怎么表现？拼布图形结合贴布技巧，规划出城市夜景的主题构图，星空中随意弧线的压线代表风的线条。夜空仅能以单纯黑色代表吗？仔细观察你的星空，其实暗藏着各种明暗变化。

作品中，主题背景的星形图形采取点到点的缝合，这让缝份倒向容易整理熨烫；因为是渐层配色，所以在缝制的时候也需要更加用心。

做法→P135

Lesson 12
风格搭配——甜美感

从日常小物发现甜美配色

不知道读者对甜美的定义是什么？我们该到哪里寻找甜美的感受来源呢？其实很简单，出门走走吧！

这次要去的不是郊外，而是到身边的超市小铺逛逛，看看商品的包装吧！那些甜食的包装都是什么颜色组成的呢？酒类（尤其烈酒）的包装又是哪些颜色所组成？观察后，你找到答案了吗？

改变明暗与彩度更增甜美感

紫红与黄绿、粉红与鹅黄、橙黄与淡蓝，这些都是有可能形成甜蜜感受的色彩组合。常在甜食包装上能看到这些色彩，若再加上明暗阶段的调整，就会改变甜蜜感的重量变化，比如加入浅色，感觉更加轻盈甚至出现梦幻感；进行高彩度的搭配，则会让甜美风格更加浓郁。

而在布花纹里，格子、水玉圆点、玫瑰花、小碎花草都是甜美感常用的素材，另外别忘了，挑选花纹组合时，素色也是可以加入使用的。

甜蜜的定义，对读者来说是什么呢？粉嫩的花朵、粉嫩的颜色，米白与纯白蕾丝、缎带、流苏坠饰，这些组合起来的确是甜蜜感设计的常用元素，但也要注意在构图上颜色的留白，这会使作品富有变化的趣味和层次。

大部分粉嫩的配色，特点是整体看起来非常柔和，但如何做才会让柔和的作品当中也有活泼的点缀呢？可以试试在局部使用彩度较高的缎带或是使用光滑材质的扣子等装饰，是很好的方法。

22 家居毯

很简单地采用方块拼接，粉色系的配色，加上部分留白，即让甜蜜感带着轻盈与透明感，再利用蕾丝使平板的棉布增加些许质感变化，无论使用起来的触感还是视觉效果都会因此更加丰富。

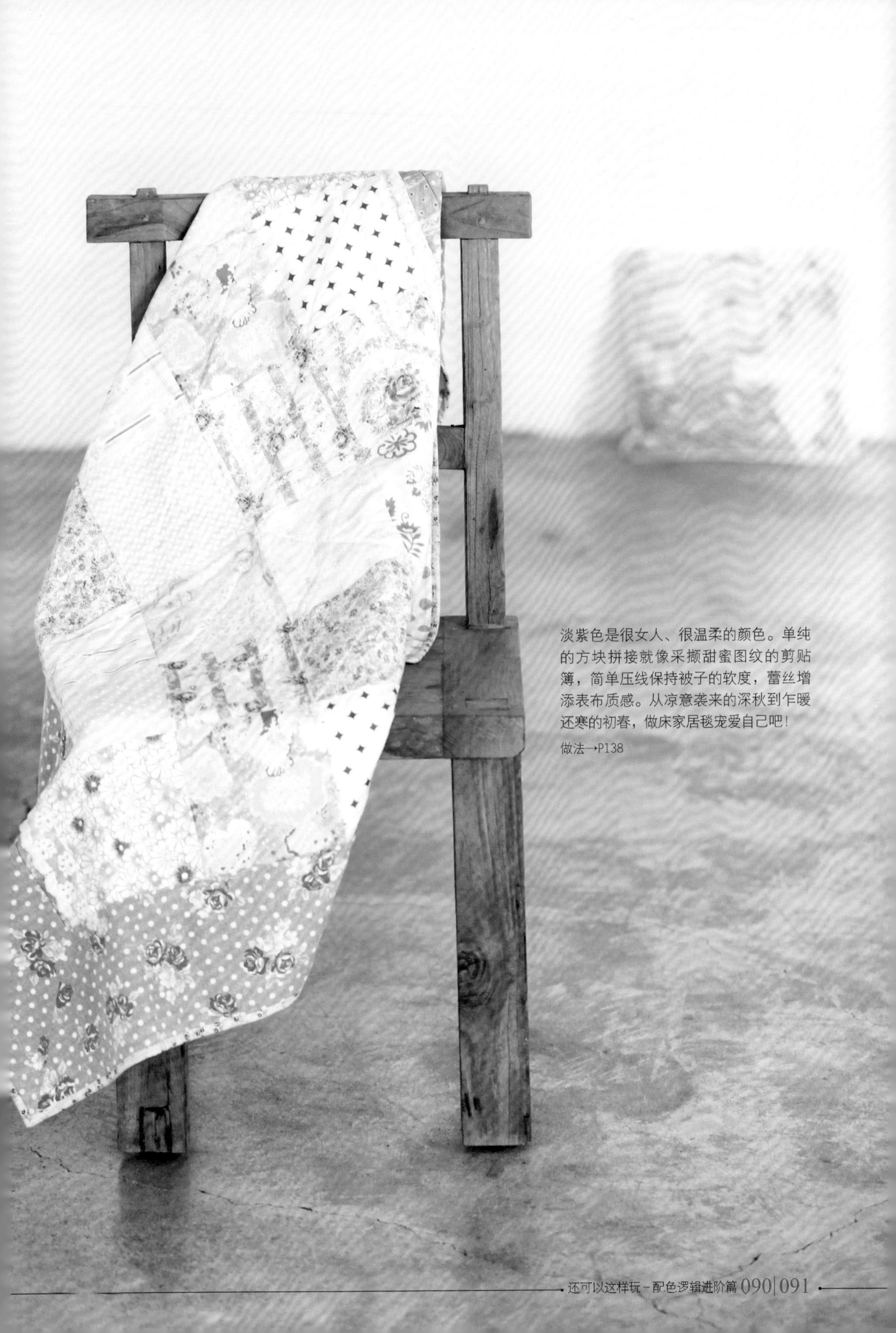

淡紫色是很女人、很温柔的颜色。单纯的方块拼接就像采撷甜蜜图纹的剪贴簿，简单压线保持被子的软度，蕾丝增添表布质感。从凉意袭来的深秋到乍暖还寒的初春，做床家居毯宠爱自己吧！

做法→P138

Lesson 13
配件的变化搭配——时尚感

材质混搭时尚感

对于时尚感的定义，在翻阅报纸杂志时可以观察一下，媒体中时尚人物的衣着配色与配件使用，除了利用些许反差色系的衬托搭配以外，花纹的混搭也是时尚感不可或缺的构成要素，例如加入黑白色系的装饰，或者利用对比色的彩度、明暗变化及花纹产生点缀效应，还有材质的混搭，如毛皮的丰厚感与丝绒的光滑感这种反差混搭等，都是形成时尚感的简易方式。

素材质地改变质感效果

如果以传统拼布的学习历程来说，为使作品的成果有所保障，会减少材质的搭配变化，借以避免技术经验不足带来的不利影响。大多初级到进阶的学习都以棉布为主，顶多有材质厚薄的不同，比如：平织棉布、先染布、混入些许提花织法的棉布、棉麻混纺棉布、化纤与棉混纺帆布等各种厚薄混搭，但上述材质的表面色泽大多一致，与混入法兰绒或丝质织品之后会产生的光滑质地效果有所不同。

加入配件素材

配件素材的加入，是进入时尚感的捷径之一。素材的收集与布料收集最大的差异就是素材收集比较节约空间。织法各异宽窄不同的蕾丝花边、五彩缤纷的缎带、具有现代感的材质光滑的扣子、复古的古铜金属扣子、典雅的贝壳扣子、精致刺绣的布贴、来自欧洲的古典织锦，甚至不同材质的绣线、毛线与珠片等等，随意发挥，似乎都各具特色，而旅行中偶见的、特别收集的、与好友交换的配件素材，更是为作品赋予某种特别的记忆。配件素材的资源越丰富，在设计作品的时候越会拥有更多想象空间。与此同时，在配色的过程中，将素材色系列入思考的范畴，也会使作品风格更加丰富、主题更加集中。

结合素材营造作品风格

对布色有所了解后，该怎么增加作品的变化呢？除了布料配色之外，不妨利用造型扣、礼物包装缎带、蕾丝、贝壳扣、珠片等素材，搭配布的色彩，做出精致感！利用素材装饰作品，是手作进阶的必修学分。

布色是这类搭配最先决定的！平时收藏的素材也搭配运用，配合图形做出重点装饰，让素材在作品中担任“可细看”的角色。有趣的素材除了配色，更增加“耐看性”。

让缎带也充当构图的元素吧！这样简单做出的小型壁饰，以简单布色做出构图分割，缎带做出构图的线条，仔细将图案布压完线剪下，配合造型扣的装饰，作品好像融为一体了呢！

23 时尚医生包

中性的配色，几乎不带有彩度的表布搭配。棉麻与先染布的质感相似，素材的色系就先以此为设计起点吧！构图简单的花篮造型，带有些许反光、材质光滑的学院风格的圆扣，再加上棉布缝制出的花朵与彩色毛线，花篮开始变得生机盎然，缝上简单的蝴蝶结后，最后用签名标签做出俏皮的装饰。

其实有时不需拼接这类传统的做法，利用简单的方式也能让作品很丰富。市面上的yo-yo型板有多种形状，搭配手边常见的素材，比如毛线绒球等，再注意车线的颜色，就能做出细致又有变化的作品。

做法→P139

作品重点做法&版型示意图

书后附多数作品原大尺寸纸型。

作品→ P41

01 航空手拿包

成品尺寸｝W26.5cm × H14cm

主要材料｝配色布四种：10cm × 22cm各1片，袋身主布：30cm × 30cm × 1片，装饰用图案布：10cm × 15cm × 1片，里布：30cm × 70cm × 1片，包边斜布条：4cm × 90cm × 1条，双胶铺棉：30cm × 45cm × 1片，厚布衬：30cm × 45cm × 1片，薄布衬：30cm × 45cm × 1片，直径1cm扣子3颗，窄幅水兵带15cm，皮扣1组，宽度1cm D形环2个，宽度1cm缎带8cm

主要工具｝基本手缝工具，缝纫机，均匀压布脚，万用压布脚，自由曲线压布脚，皮革线

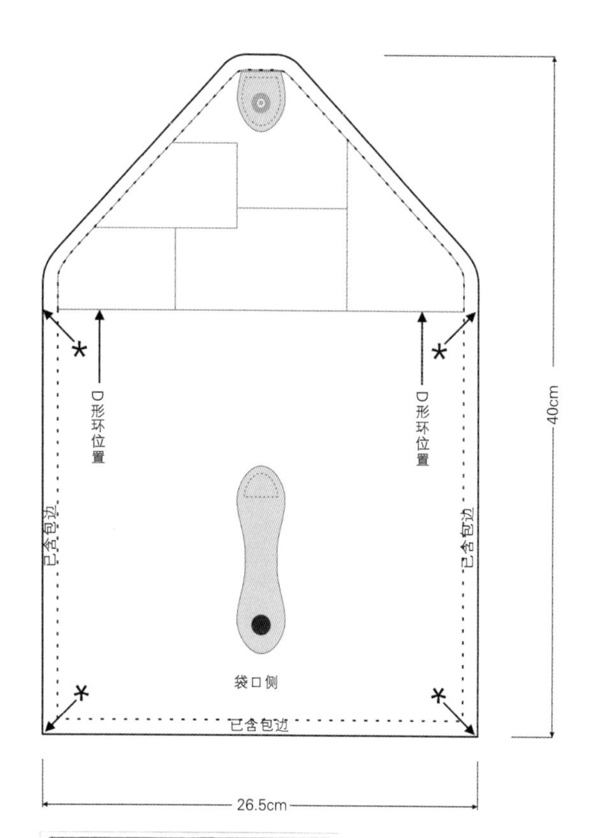

图一 作品纸型尺寸与配置

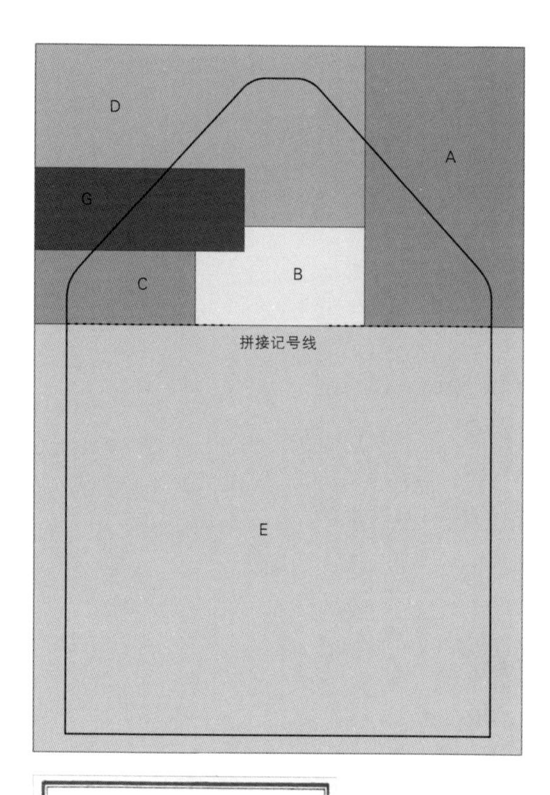

图二 表布拼接取图

做法

1. 将四种配色布各依纸型裁剪，A：8cm×15cm、B：6cm×10.5cm、C：6cm×8cm、D：9cm×18.5cm，与他片拼接侧留缝份1cm，临袋物边缘留缝份2cm，参考作品图拼接，缝份倒向深色烫平。
2. 缎带对剪成4cm两条，分别套入D形环对折后疏缝。
3. 袋身主布裁剪成24cm×26.5cm（E），拼接侧留缝份1cm，其他地方留缝份2cm。
4. 在缝份1cm侧，参考【图一】将D形环放上，缎带边缘对齐缝份边缘，与步骤1完成的组合片车缝，缝份倒向主布烫平。
5. 铺棉与厚布衬裁剪得比完成的表布略大，然后三层叠放烫粘，水平方向、间距1cm直线压缝。
6. 参考【图一】或作品图，将装饰用图案布裁剪成5cm×11cm（G），珠针固定在表布上，自由曲线压线方式车缝。
7. 袋物纸型放在压好线的表布上，沿边画上完成线，缝上水兵带与扣子装饰物，参考纸型将皮扣“公边”缝上。
8. 里布裁剪30cm×45cm一片，烫上薄布衬，在表面以袋物纸型画上完成线，并标注里袋位置。
9. 里布裁剪23cm×30cm一片，正面相对折成11.5cm×30cm，沿长向布边车缝，缝份1cm，完成后翻至正面，放置到步骤8标注的里袋位置上，车缝中央分隔线。
10. 表布与里布背面相对，对齐完成记号线，疏缝后沿线车缝，紧邻车线将多余剪除。
11. 袋口侧先完成包边，对折至记号点，疏缝两侧边缘，完成其他部分包边。包边方式请参考通用制作技巧示范P143“斜布条包边”。
12. 缝上皮扣“母边”，完成作品。

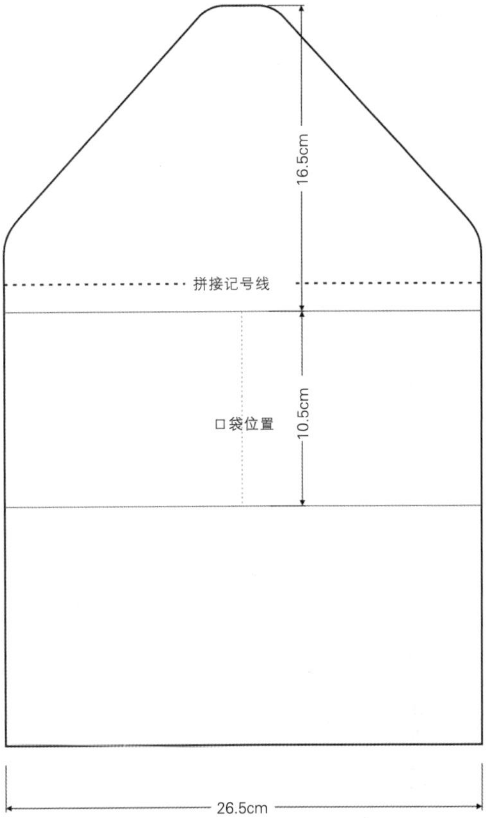

16.5cm
拼接记号线
10.5cm
口袋位置
26.5cm

图三 内袋尺寸

作品→ P42
橙色款制作: 谢宜琦

02黄蜂练习曲口金包

成品尺寸｝W24cm × H15cm × D5cm

主要材料｝袋身配色布七种：6cm × 6cm各1片，袋身表布：20cm × 40cm × 1片，侧身表布：15cm × 50cm × 1片，里布：35cm × 110cm × 1片，薄布衬：35cm × 110cm × 1片，双胶铺棉：35cm × 110cm × 1片，出芽布条：3cm × 90cm × 1条，出芽棉绳90cm，20cm口金1个，昆虫造型装饰扣1颗，25号黑色绣线，布用手工艺胶，提手或者金属链

主要工具｝基本手缝工具，缝纫机，均匀压布脚，一般压布脚，熨斗，烫垫，刺绣针，一字螺丝刀

做法

六角拼接与正背面袋身

1. 利用六角纸型在七种配色布背面画好记号线，将六角拼接完成，或以卷针缝方式拼接也可以，完成后烫好缝份，周围边缘缝份也烫入。
2. 袋身表布、铺棉、坯布裁剪20cm × 20cm各两片，三层叠放烫粘，用缝纫机配合均匀压布脚水平方向直线压线，线距1cm。

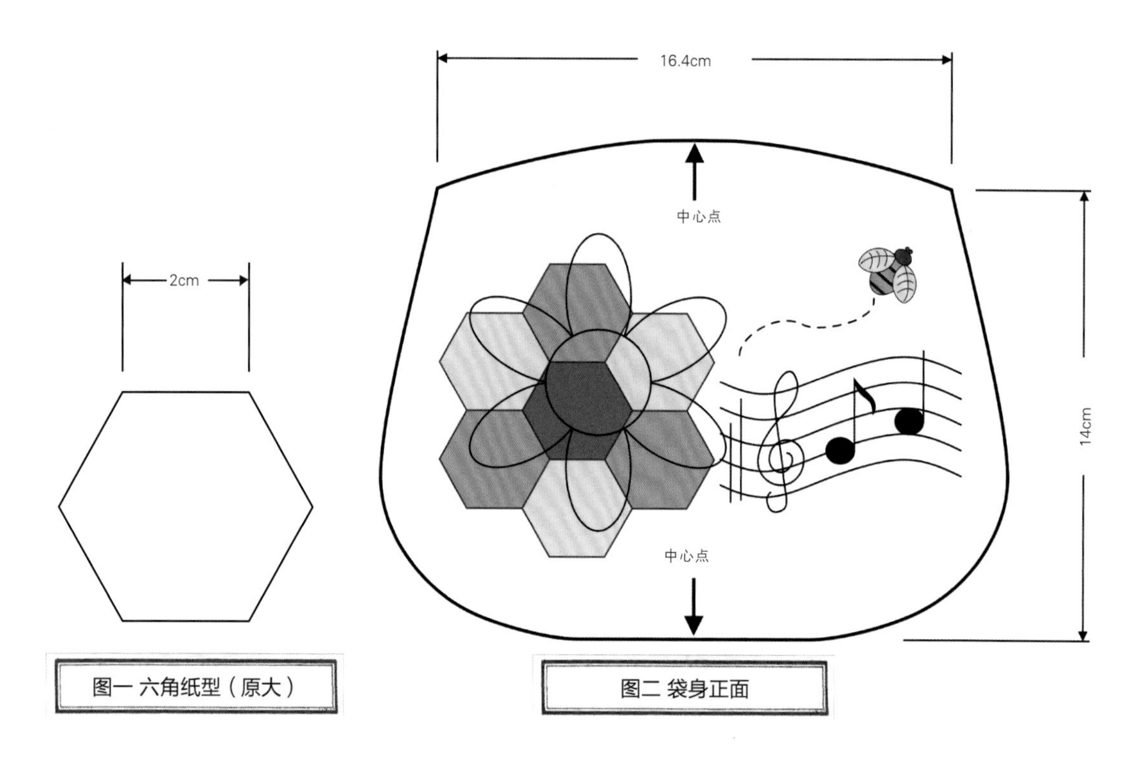

图一 六角纸型（原大）

图二 袋身正面

3. 取袋身正面纸型在压好线的袋身表布上以水消笔描绘，完成参考线。
4. 参考【图二】将步骤1完成的六角拼接以珠针固定在预定位置上，然后以贴布缝方式将它缝上袋身表布，并将刺绣图样以水消笔画出。
5. 用双股绣线，以轮廓绣方式沿记号线将图案绣好，音符用缎绣填满，昆虫飞行轨迹用平针缝方式完成点状虚线。
6. 袋身背面也可以用相同乐谱图样刺绣装饰。
7. 完成以上步骤，以袋身正面纸型重新描绘一次完成线，并用缝纫机沿完成线车缝一圈。

袋身侧面与出芽条

8. 侧身表布、铺棉、坯布裁剪15cm×50cm各一片，三层叠放熨斗烫粘。
9. 选用颜色搭配的线材，用缝纫机配合均匀压布脚直线压缝。

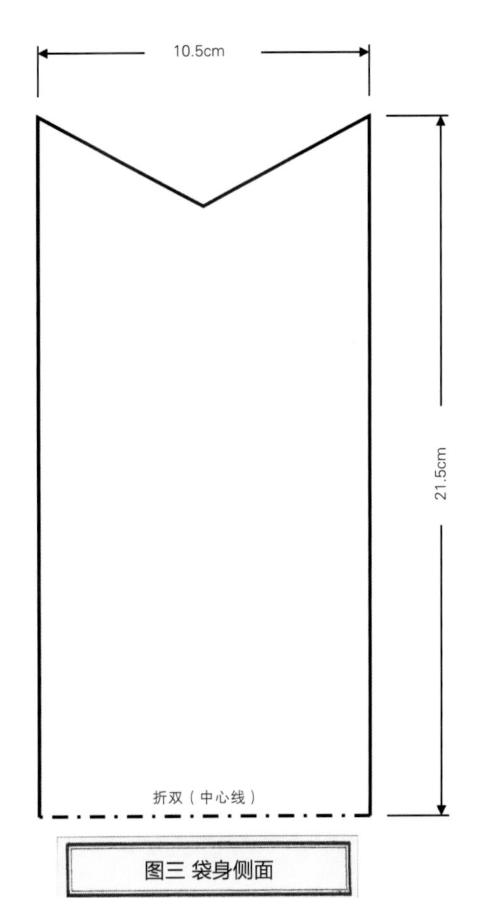

图三 袋身侧面

10. 压缝完成后，将侧身纸型放在压好线的侧身表布上沿边描绘完成线，以缝纫机配合均匀压步脚车缝一圈，外留缝份0.7cm，剪去多余部分。
11. 出芽布条与出芽棉绳分成两份各45cm，布条对折夹着棉绳，用缝纫机配合拉链压布脚或者单边压脚，压脚边缘靠着棉绳边缘疏缝。
12. 从侧边长度1/2也就是袋底中心点开始，往袋口方向将出芽条疏缝在袋身侧面：缝份边缘对齐侧身边缘，出芽条向袋身，上步骤车线对齐袋身侧面的完成线；临袋口1.5cm处将出芽布条内的棉绳剪去，再将出芽布条往缝份边缘拉出，继续完成出芽条疏缝至结束。

袋体完成

13. 从袋体底部中心点开始，对齐侧边的中心点往两边朝袋口方向疏缝，完成几针就回针缝一针，正面与背面袋身都以相同方式疏缝，完成疏缝后袋身正面缝上昆虫造型装饰扣。
14. 里布烫薄布衬，取袋身正面与侧面纸型画在背面，留1cm缝份，剪去多余部分，如果需要做内里口袋这时候可做好缝上。
15. 袋体内里与侧边正面相对，别上珠针沿完成线车缝，完成内里。
16. 将袋体表布翻至里面朝外，与里布袋底相对对齐，车缝袋体与里布上直线部位，这样可以让袋体内里使用起来不会晃动。
17. 将袋体翻至正面朝外，整平内里，内里与表布的袋口缝份往内折1cm，对齐边缘卷针缝把这两部分缝合。
18. 水消笔将袋身中心点画出，先在口金内缘凹槽内及袋口边缘涂满布用手工艺胶，对齐口金中央点，从中央往两侧，利用一字螺丝刀，将袋口边缘塞入口金，随后再塞入纸藤到口金内缘凹槽内，以使黏合更紧密，这个步骤一次进行一边袋口，待略干后再做另外一边。
19. 将准备的提手或金属链扣上口金上的吊环，完成作品制作。

作品→ P43

02 绿叶口金包

成品尺寸 } W23cm×H17cm

主要材料 } 表布：30cm×55cm×1片，里布：30cm×55cm×1片，双胶铺棉：30cm×55cm×1片，绿色系贴布用布数色：10cm×10cm各1片，25号黑色绣线1束，黑色珠子约13颗，20cm口金1个

主要工具 } 基本手缝工具，刺绣针，缝纫机，均匀压布脚，一字螺丝刀，老虎钳，布用手工艺胶，布用复写纸

做法

袋表的制作

1. 将表布裁剪25cm×30cm两片，铺棉与坯布也以一样的尺寸各剪两片。
2. 表布、铺棉、坯布三层叠放，以熨斗稍微烫粘。
3. 压出斜格纹路，间距2.5cm，以缝纫机双针方式压线。
4. 取纸型放在压好线的表布上，沿边画出完成线，缝纫机配合均匀压布脚直线方式沿记号线车缝一圈。
5. 将记号线外的压线挑出不剪断。
6. 记号线外，缝份内的铺棉修除，完成后保留缝份1cm，剪去多余部分。
7. 利用布用复写纸，对照作品图将贴布与刺绣图样复写在压好线的表布上。
8. 利用水消笔将叶形描绘在绿色系贴布用布表面上，留缝份0.5cm剪下，参照记号线将叶子贴布缝缝上表布。
9. 将刺绣部分以轮廓绣完成，珠子也缝上。
10. 下方两侧折角疏缝，并且车缝固定。

内里与袋物完成

11. 里布裁剪25cm×30cm两片，烫薄布衬后将纸型画在背面，预留缝份1cm剪下。
12. 下方两侧折角珠针固定，车缝完成。
13. 若需要内袋，这时候可做好车缝在内里上。
14. 将表布翻至里面朝外，与内里重叠对齐袋子下缘，车缝直线部位，结合里布与袋身。
15. 袋身翻至正面，袋身与内里的袋口侧缝份都反折1cm，对齐边缘卷针缝方式缝合里布与袋身。
16. 准备棉花棒跟布用手工艺胶，把胶涂在口金内缘凹槽内，从袋口正中央开始往两旁，利用一字螺丝刀把袋身边缘塞入口金凹槽，另外也把纸藤塞入。
17. 用一块不织布包着口金，利用老虎钳隔着不织布将口金稍微夹紧，完成作品制作。

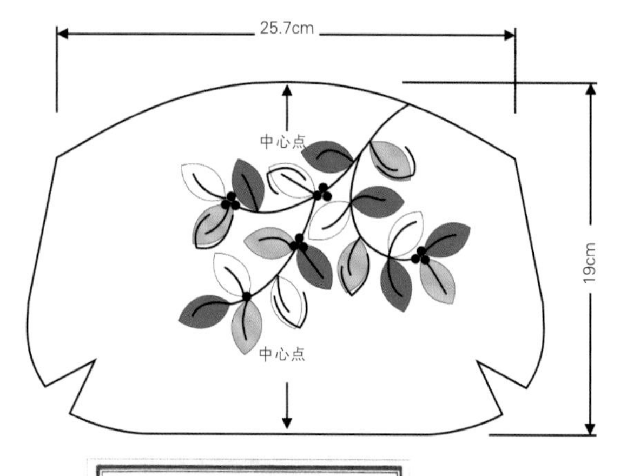

图一 正面结构

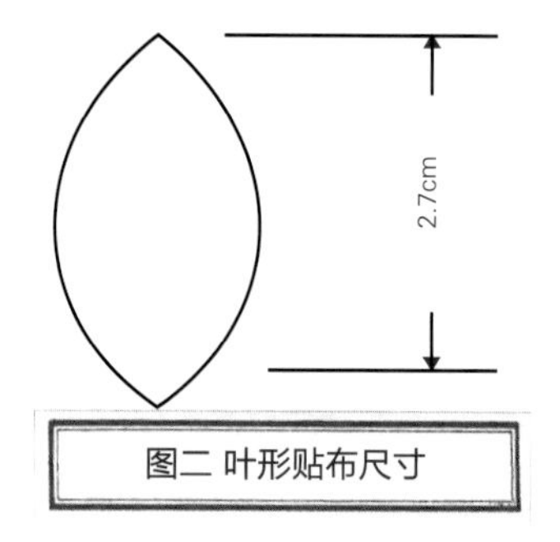

图二 叶形贴布尺寸

作品→ P45

03 圆的游戏：三层零钱包

成品尺寸 } W14cm×H10.5cm×D3.5cm

主要材料 } 贴布配色布三种：15cm×15cm各1片，袋身用布：20cm×60cm×1片，里布：20cm×60cm×1片，包边斜布条：4cm×50cm×1条，铺棉：20cm×60cm×1片，薄布衬：20cm×60cm×1片，直径2.5cm扣子1颗，窄幅水兵带30cm，18cm拉链1条

主要工具 } 基本手缝工具，缝纫机，均匀压布脚，万用压布脚，手缝压线，贴布针线、返里钳、强力夹

做法

1. 将袋身用布裁剪成15cm×20cm四片，一片将表布纸型画在正面，一片将表布纸型画在背面，另两片将中央夹层纸型画在背面。
2. 三种贴布配色布依照纸型画在正面，外留缝份0.7cm剪下。
3. 配色布B叠在C上贴缝，完成后剪去背面重叠缝份，再将配色布A叠在B上贴缝，完成后也剪去重叠缝份。
4. 参考【图一】将上步骤完成的布片贴缝在正面画上表布纸型的表布上，背后重叠缝份无须剪除。做好后再次以表布纸型画在其背面当做参考线，这样贴布方式完成的表布可再制作一片当做背面袋身表布。
5. 铺棉裁剪15cm×20cm四片，坯布裁剪相同尺寸两片。
6. 取完成贴布的袋身表布与铺棉、坯布各一片，三层重叠烫粘，参考线范围内圆形贴布落针压线，水兵带贴缝上，完成后重新画上表布纸型，沿表布纸型线用缝纫机配合均匀压布脚车缝一圈，修剪缝份外铺棉。背面袋身表布也以相同方式制作。
7. 正、背面袋身表布下方两侧抓折角疏缝后车缝。缝份内铺棉修除，缝份摊开。
8. 里布烫好薄布衬裁剪成15cm×20cm四片，两片背面画上表布纸型，两片背面画上中央夹层纸型，下方两侧抓折角车好。
9. 画上表布纸型的里布放到袋身表布上正面相对，对齐袋底折角，沿袋身完成线疏缝后车缝左右及下方，利用上方开口翻至正面整理好，背面袋身也这么做。
10. 两片画上中央夹层纸型的表布与两片铺棉各自叠放烫粘，再次以中央夹层纸型画在表布正面，缝纫机沿线车缝，修去缝份外铺棉，下方两侧折角疏缝后车缝，缝份打开。
11. 完成后正面朝下，与画上中央夹层纸型的里布正面相对叠放，对齐折角疏缝，留下方约5cm返口外其余周边车缝一圈，剪去转角多余缝份，借助返口翻至正面整理好。

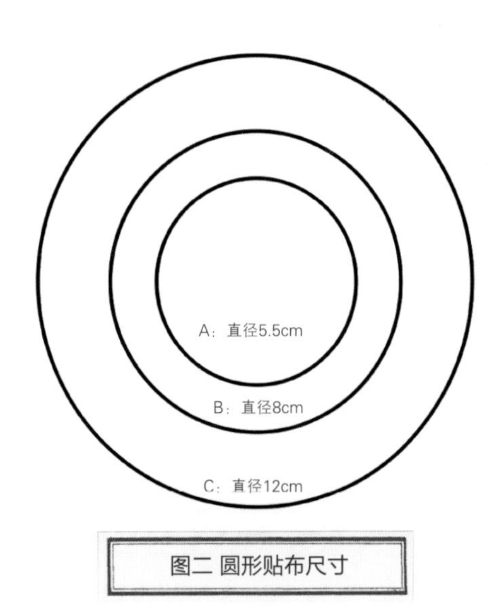

图二 圆形贴布尺寸

12. 正、背面袋身表布袋口位置包边，手缝拉链。包边方式请参考通用制作技巧示范P143“斜布条包边”，手缝拉链方式请参考通用制作技巧示范P145“手缝拉链”。

13. 包边斜布条剪出3.5cm×3.5cm两小片，正面相对，留一边不车缝外，其余三边缝份0.7cm车缝，修剪转角缝份翻至正面，折入开口缝份，将拉链尾端套入，缝合封口后将扣子缝上。

14. 两片中央夹层其中一片以纸型画出车缝记号，然后两片正面相对以强力夹固定，用缝纫机搭配均匀压布脚车缝记号线，起针结束都回针。

15. 袋身表布里侧面对中央夹层里侧，对齐袋底中心点，往两旁卷针缝结合袋体，完成作品。

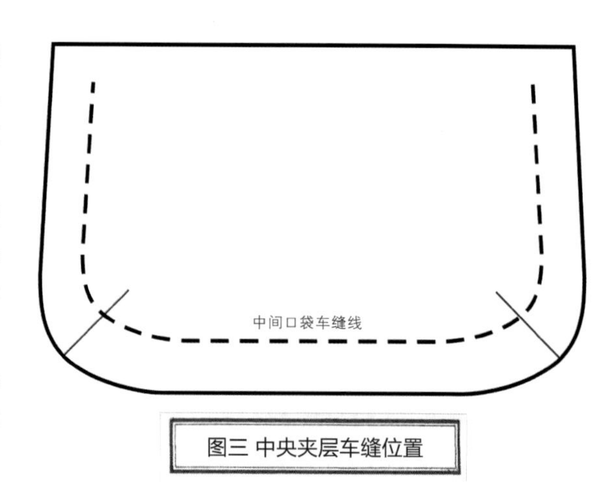

图三 中央夹层车缝位置

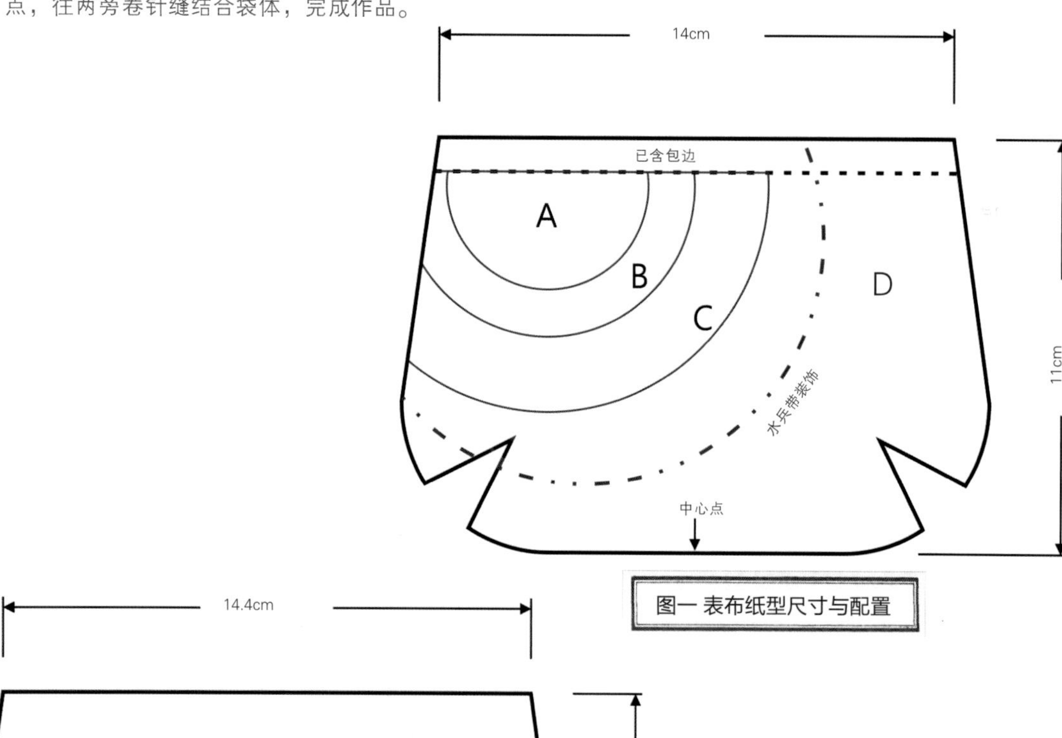

图一 表布纸型尺寸与配置

图四 中央夹层尺寸

作品→ P47

04紫色系手提包

成品尺寸｝W42cm×H23cm×D16cm

主要材料｝袋身表面用底布：35cm×70cm×1片，袋身表面装饰用图案布数种，袋身侧面配色布四种：20cm×110cm各1片，袋口装饰片用厚质棉布：15cm×15cm×1片，拉链用布：20cm×35cm×1片，包边用布：17cm×110cm×1片，里布：90cm×110cm×1片，厚布衬：90cm×110cm×1片，坯布：90cm×110cm×1片，铺棉：90cm×110cm×1片，布用热黏着衬纸：30cm×30cm×1张，40cm拉链1条，直径8 mm固定扣8颗，45cm长提手2条

主要工具｝基本手缝工具，缝纫机，自由曲线压布脚，均匀压布脚，万用压布脚，鸡眼钉工具，熨斗，烫垫

做法

袋身正面与背面

1. 裁剪袋身表面用底布35cm×35cm两片，准备35cm×35cm铺棉及坯布，与底布三层疏缝或喷胶固定，稍作简单直线机缝压线。
2. 取袋身纸型在压好线的底布上沿边画上记号线，外留缝份1cm，剪去多余部分。
3. 装饰用图案布数种选取喜爱的部分剪下，在背面烫粘布用热黏着衬纸，待温度稍降将背纸撕下，放在完成的袋身底布正面，调整位置，利用熨斗将图案布烫粘。
4. 以自由曲线方式随意在图案布边缘车缝，若有喜爱的压线也可依照设计车缝。
5. 将袋口侧的打折依据记号点做好疏缝。
6. 将袋口装饰片纸型画在厚质棉布背面，外留缝份1cm剪下，需要四片。
7. 剪好的装饰片两片正面相对，对齐记号线，留直线部位不车外，其余依照记号线车缝。
8. 完成车缝后剪牙口，翻至正面，整理好缝份后整烫，放置在袋口打折处，对齐袋口边缘及垂直中心线，沿边缘稍微疏缝。
9. 用缝纫机配合均匀压布脚，用14～16号车针，紧沿装饰片圆弧边缘将之车缝在袋身上。正背两面袋身都用相同步骤制作，完成袋身准备。

袋身侧面

10. 袋身侧面配色布四种，使用菱形纸型，参考【图三】构成示意裁出所需数量，拼接成如【图二】，缝份倒向深色烫平。
11. 参考上步骤拼接片尺寸，裁剪铺棉及坯布，三层叠放，喷胶或疏缝固定，菱格纹压线或落针压线。
12. 侧身纸型放在侧身表面上，沿边画上记号线。
13. 缝纫机沿记号线直线车缝，外留缝份1cm，剪去多余部分。

袋口拉链布

14. 参考【图四】拉链口布尺寸画厚布衬，再把剪好的厚布衬烫在拉链用布背面，依照标记外留缝份剪下，除特别标示缝份0.7cm侧外，其余缝份1cm，这部分需要四片。
15. 拉链布头尾折入1cm烫好，两片正面相对叠放，夹入拉链，可用水溶性胶带取代珠针固定，利用拉链压布脚车缝拉链，完成后翻至正面，沿边车缝固定，两侧拉链都以相同方式制作。
16. 另外车缝布片将拉链布尾套入，做成拉耳。
17. 制作图解请参考通用制作技巧示范P148“拉链口布”。

内里

18. 参考袋身与侧面纸型，准备里布及厚布衬，将里布与厚布衬烫粘。
19. 将袋身与侧面纸型各自画在烫好厚布衬的里布上，周围留缝份1cm，剪去多余部分。

20.若想制作内口袋也可在这时候制作。

21.将正背面袋身里布分别与侧面袋身里布车缝，完成内里。

22.烫衬方式请参考通用制作技巧示范P142“单层与双层厚布衬”。

袋体完成

23.将袋身与内里都翻至里面朝外，两部分底部相对，两部分袋底直线部位车缝结合。

24.将袋身翻至正面，袋口包边。

25.袋口侧的提手位置用记号点标示，将撞钉钉孔打好。

26.提手的织带尾端包边，打出钉孔，对照袋身位置将提手钉上，即完成作品。

Point

A. 自由压线可使用黑色或者其他深色的线材，形成手绘涂鸦的特别风格。

B. 侧身拼接部分也可使用快速机缝切割方式完成。

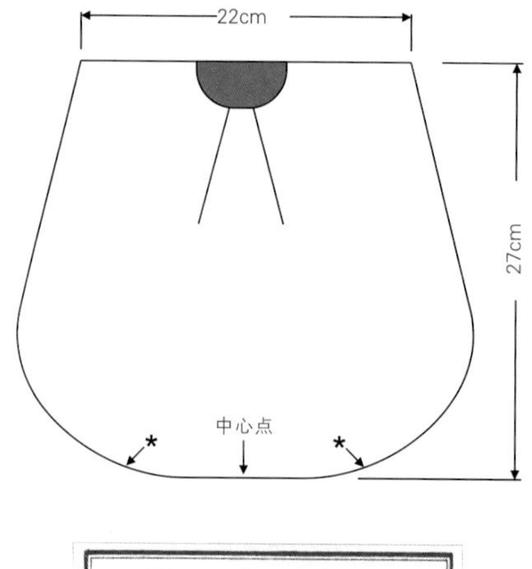

图一 正背面袋身纸型

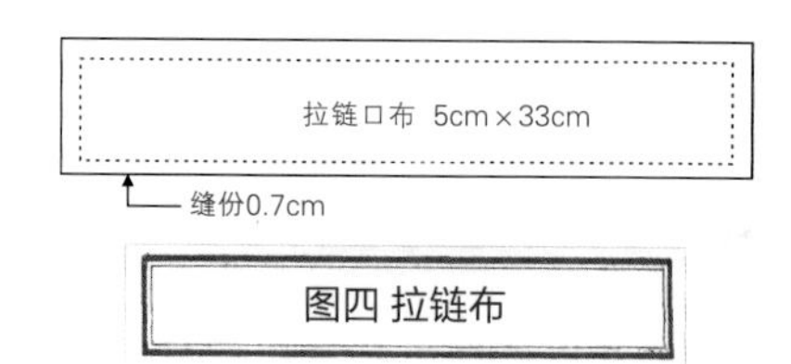

图四 拉链布

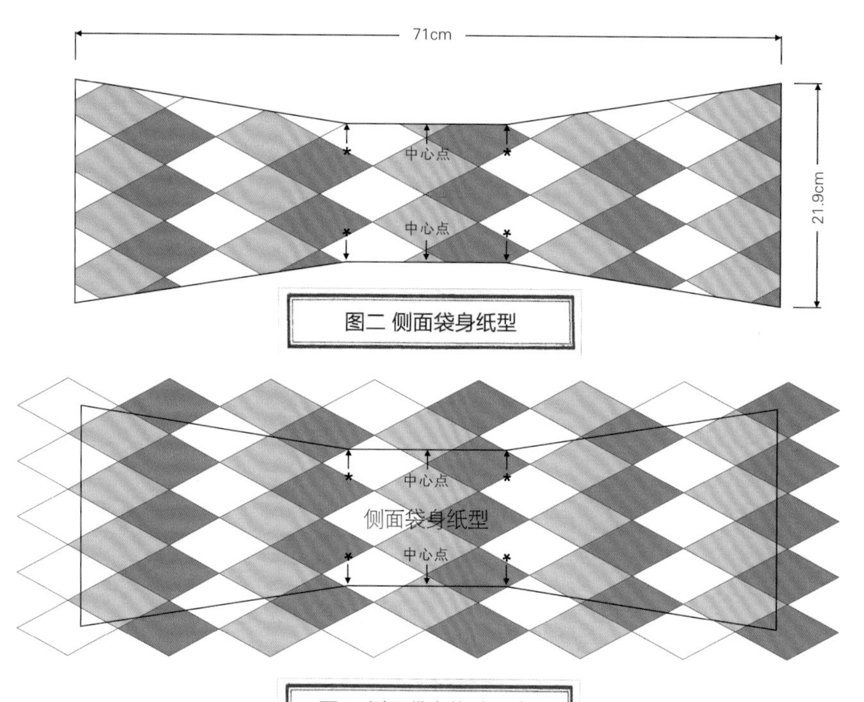

图二 侧面袋身纸型

图三 侧面袋身构成示意

作品→ P52

06 复古风提包

成品尺寸 } W24cm×H15cm×D5cm

主要材料 } 主体配色布四种：10cm×27.5cm各1片，里布：45cm×55cm×1片，顶端表布：15cm×35cm×1片，胁边表布：10cm×15cm×1片，袋底表布：20cm×36cm×1片，背面主体布：12cm×25cm×1片，薄布衬：45cm×55cm×1片，铺棉：45cm×55cm×1片，30cm提手2条

主要工具 } 基本手缝工具，缝纫机，均匀压布脚，一般压布脚，熨斗，烫垫

做法

表布主体拼接

1. 四种配色布依据【图七】纸型画出【图三】拼接所需数量，缝份外留1cm剪下，依照主体拼接结构接合完成，缝份倒向深色。
2. 依照【图二】尺寸所示，裁剪顶端表布两片，依【图四】所示，裁剪胁边表布四片，依【图五】所示，裁剪袋底表布一片，最后参考【图六】背面主体尺寸，剪下背面主体布一片，以上缝份都外留1.5cm。
3. 参考【图一】结构，将袋体表布接合，顺序为：由主体拼接片两旁接胁边，由背面主体布两旁拼接胁边，修剪缝份并倒向深色烫平，然后拼接顶端与袋底，最后袋体表布整体拼接完成，缝份都需修剪为0.7cm并倒向深色烫平。

表布主体压线与内里准备

4. 裁剪与完成表布尺寸略大的铺棉及坯布各一片，三层喷胶或者疏缝固定，开始压缝，主体拼接部分落针压线，其余简单压线即可。
5. 准备完整袋体纸型，利用纸型在压完线的袋体表布上尺寸放样，对照上下左右四侧描绘完成线，并沿线直线车缝，外留缝份1cm，剪去多余部分。

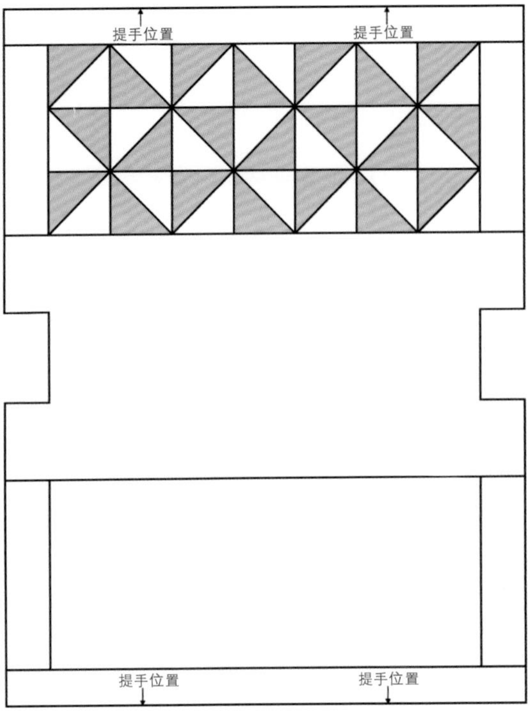

提手位置 提手位置

提手位置 提手位置

图一 作品结构

29.5cm

2cm

提手位置 提手位置

图二 顶端纸型尺寸

6. 薄布衬与里布烫粘，利用完整纸型描绘在后，若需要制作内袋，这时候可以先做好缝在内里上。
7. 顶端表布再度依照纸型外留缝份1cm裁剪两片，两片正面相对，车缝头尾两侧成环状，缝份烫开，并将上下缘其中一侧缝份往里烫进1cm。

袋体完成

8. 袋体依照完成线疏缝两侧，疏缝完以缝纫机配合均匀压布脚车缝。
9. 修去缝份内铺棉，袋底角度抓平对齐边缘，疏缝，再以缝纫机配合均匀压布脚车缝，记得回针，车缝完将袋口缝份内铺棉修剪，四个角落缝份内的铺棉也稍微修剪。
10. 内里也同样制作。
11. 将袋体与内里翻至里面朝外，卷针缝方式固定四角落，完成后将袋体翻至正面，对齐袋口稍微疏缝袋口。
12. 提手对折，手提处朝下，依照袋口提手记号线，将提手两端疏缝在记号点处，疏缝或者强力夹暂时固定。
13. 步骤7完成的环状布，里面朝外，正面与袋体正面相对套上，对齐边缘，车缝1cm缝份完成线。
14. 将上步骤车缝好的环状布往袋内翻入，折好缝份，藏针缝方式贴缝在内里上，即完成作品。

Point

尺寸放样后，使用缝纫机依照完成线车缝时，可将缝纫机针位往左调整1～2格，记号线依旧对齐压布脚中央车缝，这样完成后就无须拆除疏缝线或者放样线了。

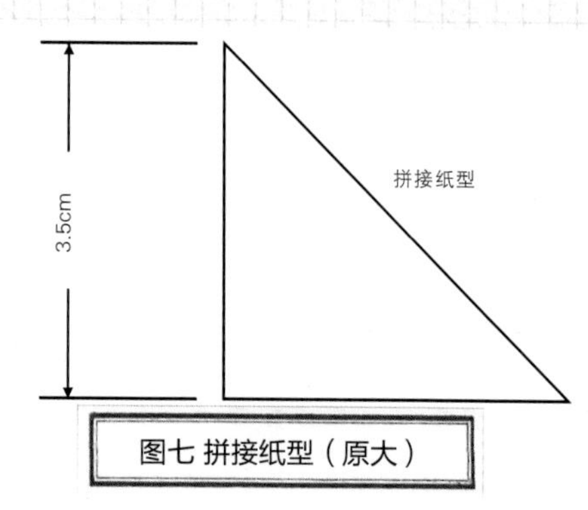

图七 拼接纸型（原大）

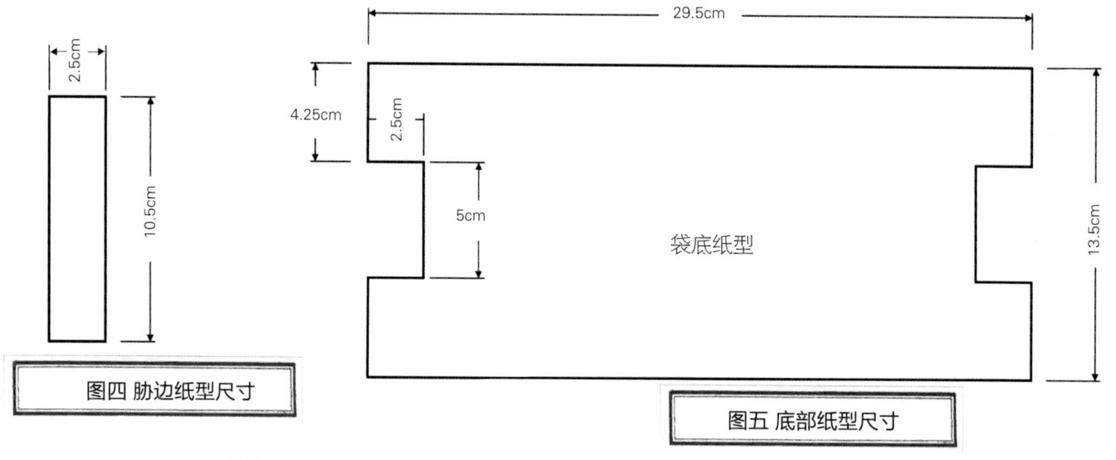

图四 胁边纸型尺寸

图五 底部纸型尺寸

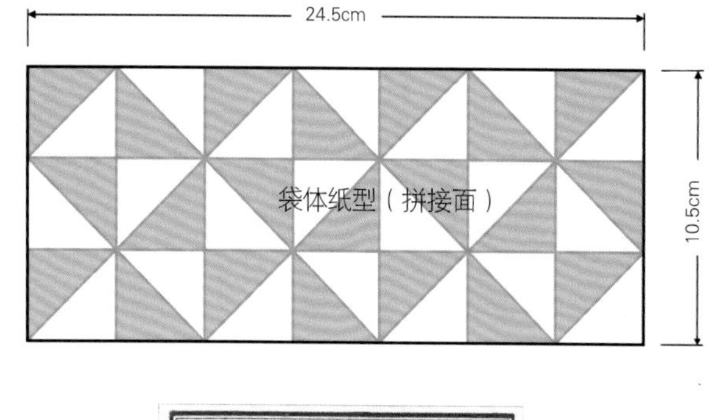

图三 主体拼接结构

图六 背面主体尺寸

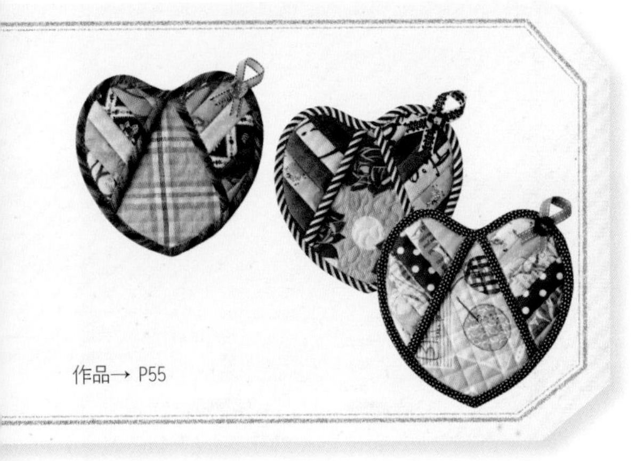
作品→ P55

07 心形隔热两用手套

成品尺寸 } W20cm × H20cm

主要材料 } 配色布六种：27.5cm × 45cm各1片，麻布或厚质棉布：45cm × 55cm × 1片，缎带15cm，扣子1颗，双胶铺棉

主要工具 } 基本手缝工具，缝纫机，裁布圆刀及裁尺，切割垫，熨斗，烫垫，通用压布脚，均匀压布脚，车线，滚边器，强力夹

做法

1. 四种配色布裁切2cm × 8cm各四片，缝份1cm剪下，选择喜欢的顺序分成两组，各拼接成一整片。
2. 铺棉、麻布各裁剪成与步骤1完成的组合表布尺寸相同，三层叠好烫粘，沿缝合处落针压线。
3. 正面纸型B放在步骤2完成的表布上，将纸型描绘在布上，用缝纫机配合均匀压布脚沿记号线车缝一圈，除标示已含包边处外，其余外留缝份1cm剪下。
4. 剩下两种配色布的一种裁剪成宽度4cm的斜布条，缝合成约100cm的长度，并以滚边器整烫成包边布条备用。

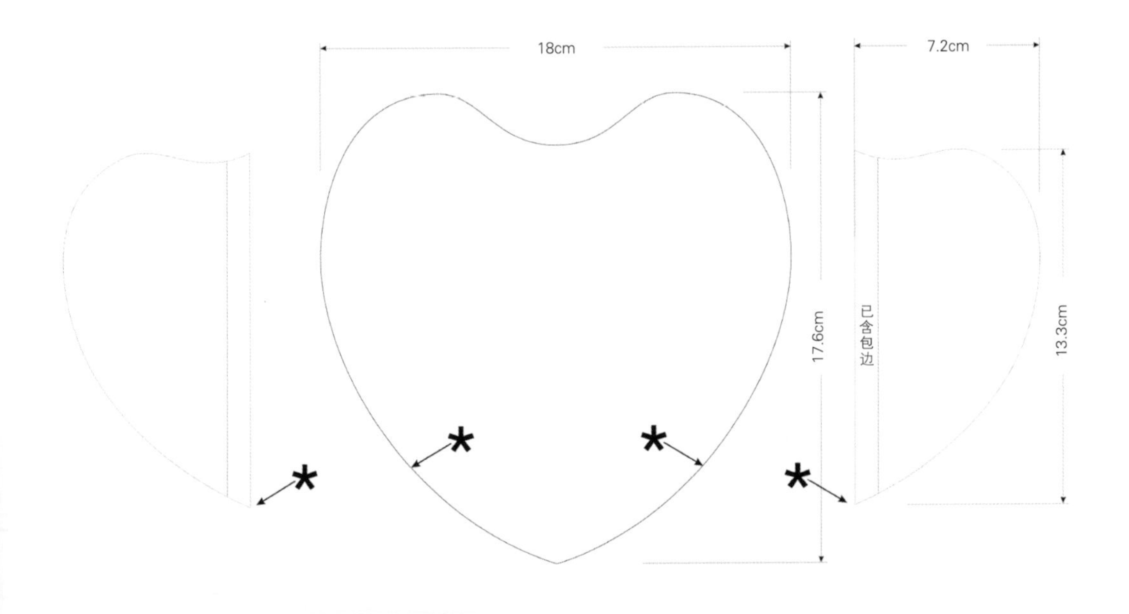

图一 作品拼接示意

5. 步骤3完成的B部分，沿直线部位（纸型上标明已含包边部位）以包边布条完成包边。包边方式请参考通用制作技巧示范P143“斜布条包边”。
6. 最后一种配色布裁成25cm×25cm，铺棉、麻布也以同样尺寸裁剪，三层叠好烫粘，间距2cm、45° 角方格压线。
7. 背面纸型A放在步骤6压线完成的布片表面，画上纸型记号线，沿记号线车缝一圈，外留缝份1cm剪下。
8. 将完成包边的B部分，分左右边放置在A部分上，对齐顶点及两侧，强力夹固定，沿上下两片记号线对齐，手缝疏缝。
9. 沿疏缝线车缝，如果是有经验的读者可直接包边，车缝完包边也可以。
10. 缝上扣子及对折的缎带当挂耳，作品完成。

Point

A. 步骤1的接合可以车缝，也可采用一面翻面车缝方式直接车缝在铺棉与麻布上，可同时完成接缝与压线两个步骤。
B. 纸型B画在压好线的布片上的时候，要正反各画一份。

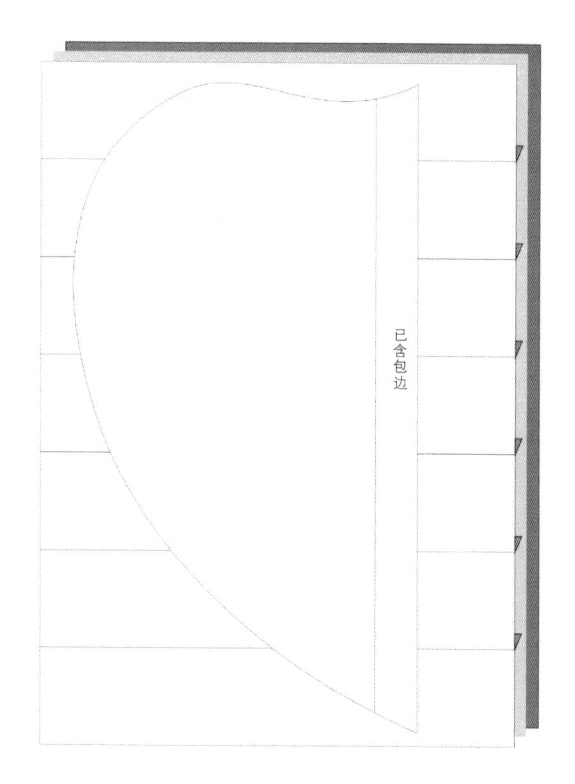

图二 纸型B放样

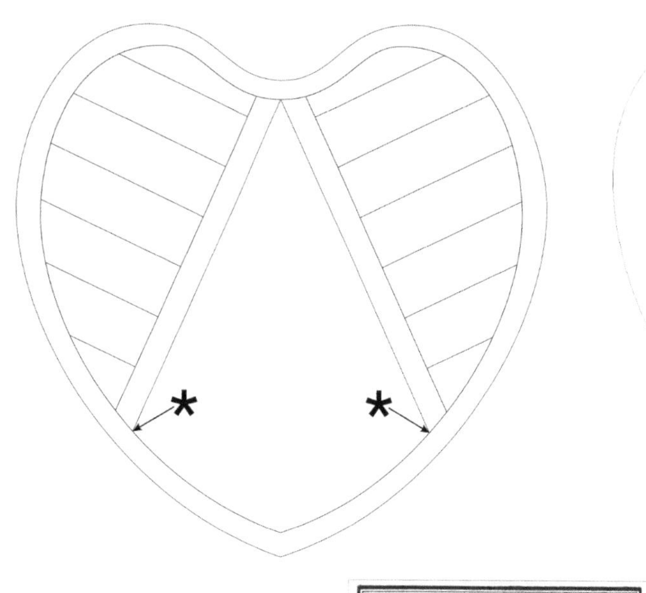

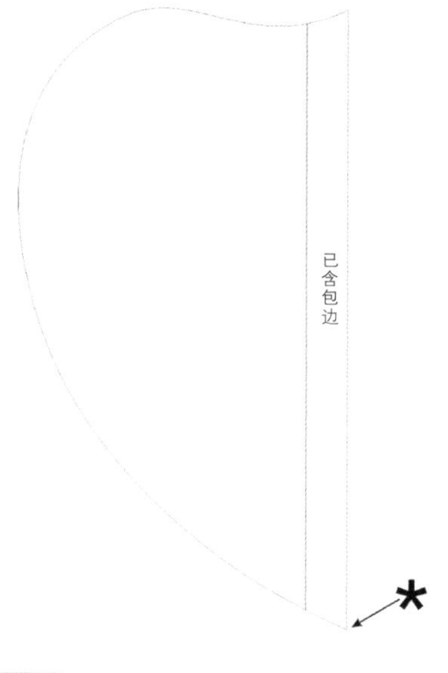

图一 作品结构

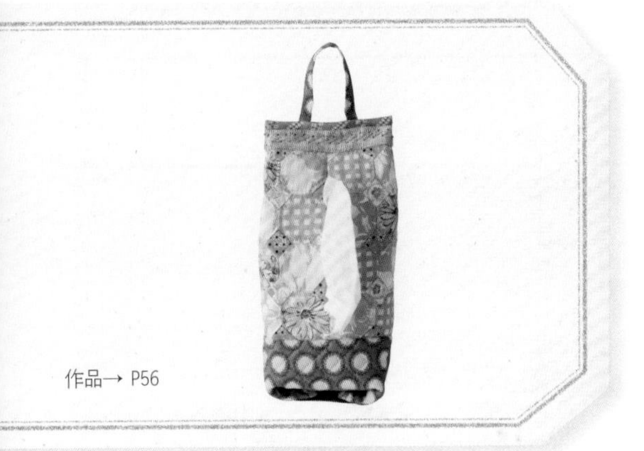
作品→ P56

08 花之絮语面纸套

成品尺寸 } W14cm×H29cm×D8.5cm

主要材料 } 拼接用配色布三种：35cm×110cm各1片，袋体底部表布：50cm×55cm×1片，袋体顶端表布：10cm×50cm×1片，里布：45cm×55cm×1片，包边斜布条：4cm×70cm×1条，单胶铺棉：45cm×55cm×1片，皮扣1组，昆虫造型装饰扣1颗，25号搭色绣线2种

主要工具 } 基本手缝工具，缝纫机，均匀压布脚，一般压布脚，熨斗，烫垫，刺绣针，喷胶

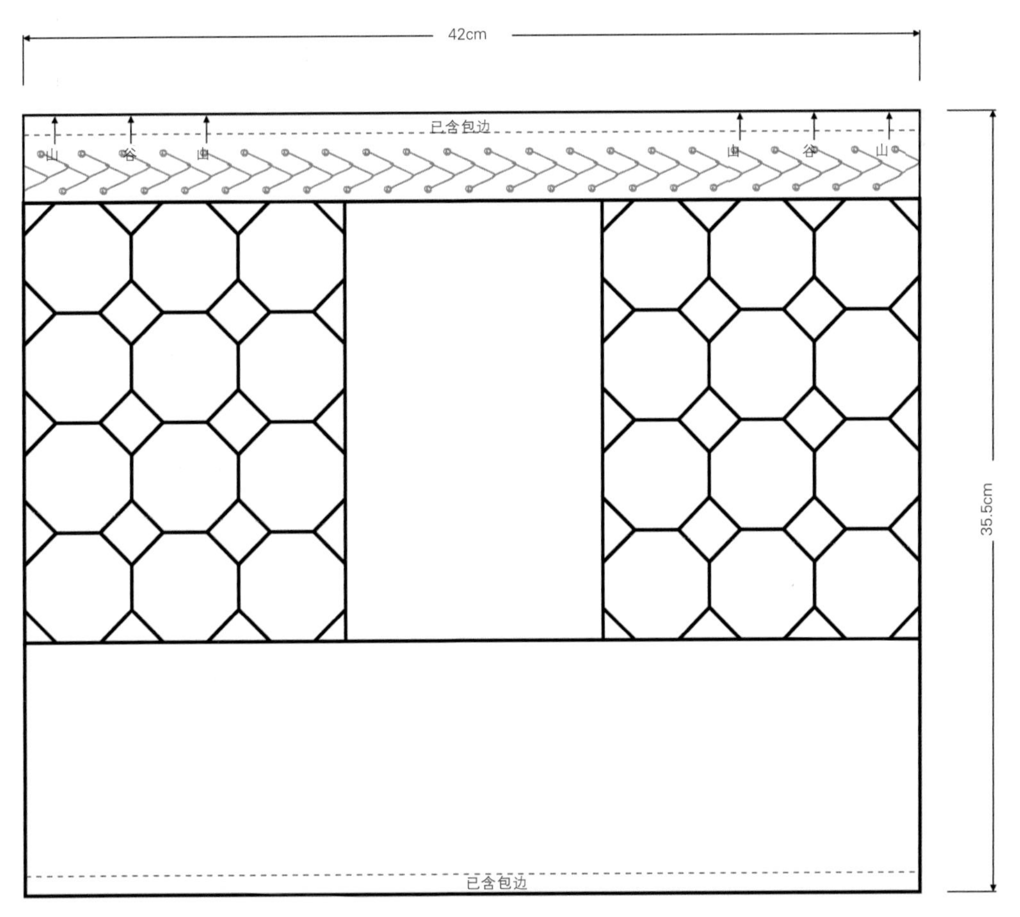

表布纸型

图一 拼接结构

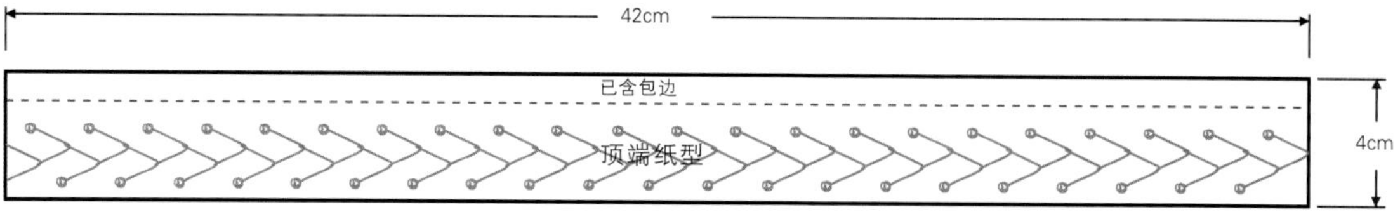

42cm

已含包边

顶端纸型

4cm

图二 顶端尺寸

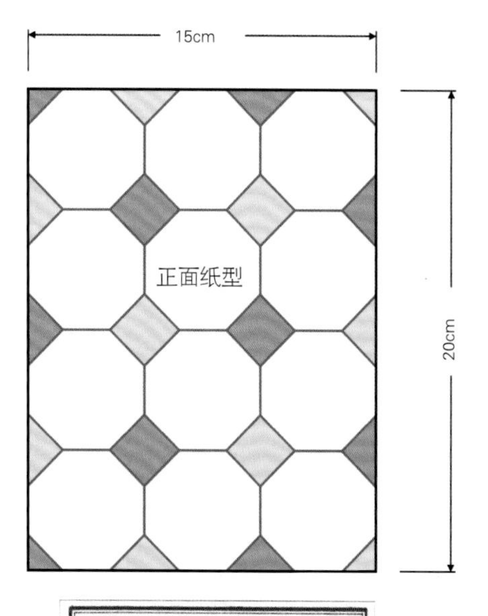

图三 正面拼接片尺寸及构成

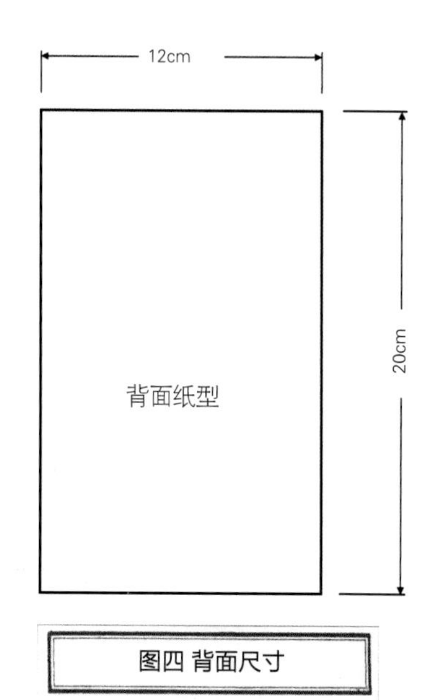

图四 背面尺寸

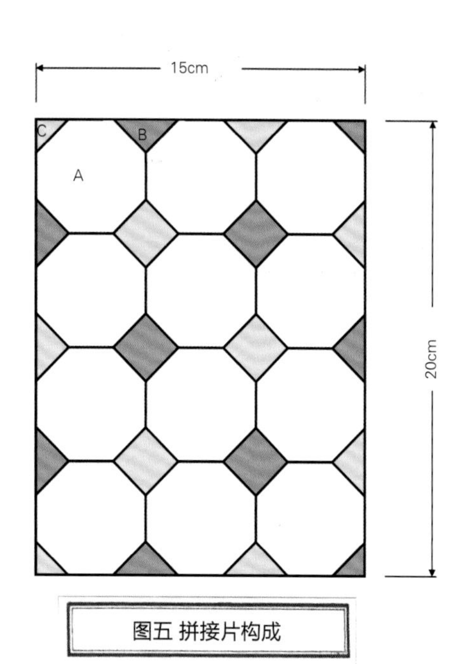

图五 拼接片构成

做法

八角拼接与整体表布拼接

1. 利用【图七】纸型，参考作品图的配色排列方式，将配色布画好，留1cm缝份，剪好需要的数量。
2. 拼接方式可用一般接缝或者纸片卷针缝（paper piecing），拼接完成烫好缝份，周围缝份需摊平准备与其他部分接缝使用。
3. 参考【图一】拼接结构，将顶端、底部、背面等三部分纸型剪下，分别画在相应布料背面，除标示已含包边处外，其余预留缝份1.5cm剪下，作品中背面布料挑选配色布料其中之一使用。
4. 将表布整体拼接完成，缝份修剪为0.7cm，倒向深色烫平。

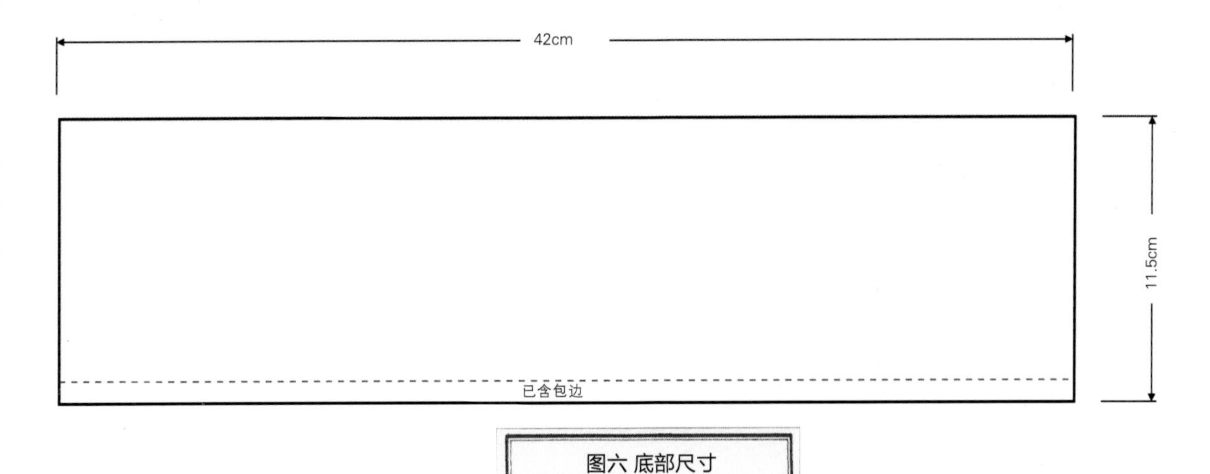

图六 底部尺寸

袋体压线与完成

5. 准备35.5cm×42cm铺棉及里布各一片，在里布顶端与底部这两侧，尺寸因已含包边所以无须留缝份，其余留缝份1.5cm。
6. 铺棉的无胶面朝上，放在表布下方对齐表布完成记号线，稍作喷胶固定。
7. 里布与表布正面相对，对齐四边记号线以珠针固定，左右两边依照完成线车缝，修剪缝份为0.7cm，翻至正面，整理好，再次熨斗烫粘。
8. 八角拼接部分落针压线，其余部分菱格格纹压线即可。
9. 顶端无须压线，直接以刺绣方式取代压缝，这里用到的针法是飞鸟刺绣（fly stitch）及法国结粒绣（French knot stitch）。
10. 左右对折正面相对，对齐边缘，预留面纸抽出口约15cm，其余以卷针缝方式先缝合里侧。
11. 翻至正面，卷针缝部位再次以工字缝加固。
12. 底部边缘包边完成封口。
13. 挑选剩余布料制作挂耳，裁切斜布条4cm×15cm一条对折再对折成1cm×15cm，沿边缘车缝。
14. 顶端依照纸型标示双边折入，稍微疏缝固定。
15. 在背面先行放上双折的挂耳，同时将顶端包边完成封口。包边方式请参考通用制作技巧示范P143“斜布条包边”。
16. 底部双侧缝上皮扣，即完成作品。

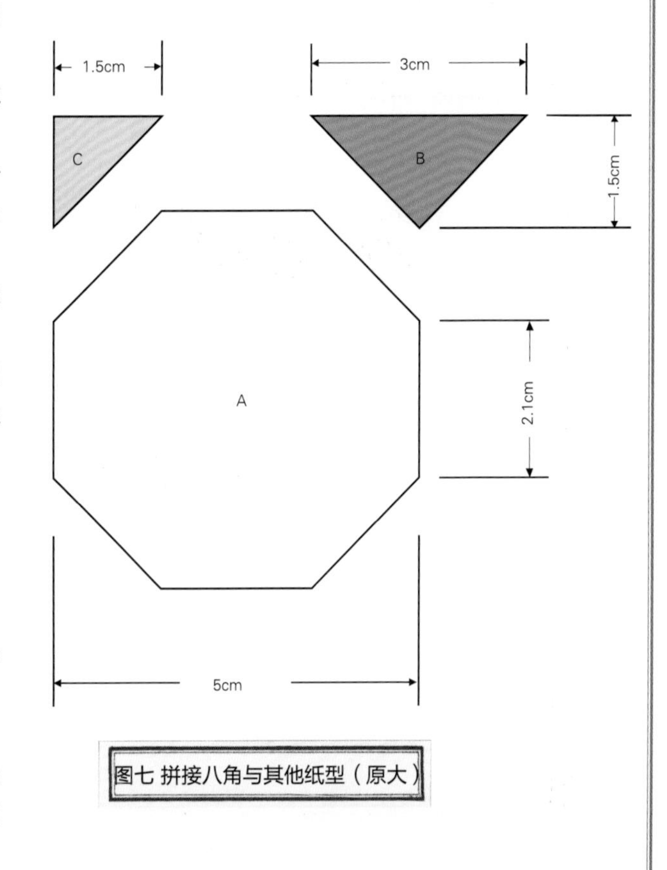

图七 拼接八角与其他纸型（原大）

作品→ P59

09 收纳信插

成品尺寸 } W28.5cm×H40cm

主要材料 } 表布：35cm×45cm×1片，后背布：35cm×45cm×1片，里布：55cm×110cm×1片，上口袋表布：25cm×35cm×1片，下口袋表布：25cm×45cm×1片，包边用布：4cm×150cm×1片，文字贴布用布：10cm×20cm×1片，装饰图案布：10cm×10cm×1片，薄布衬：45cm×50cm×1片，热黏着衬纸：10cm×30cm×1张，双胶铺棉：35cm×45cm×1片，宽度1cm缎带30cm，直径2.8cm鸡眼钉2颗

主要工具 } 基本手缝工具，缝纫机，均匀压布脚，自由曲线压布脚

做法

1. 表布、铺棉与后背布裁切成相同35cm×45cm尺寸，三层叠放烫粘，间距1cm、斜格压线。
2. 表布完成后画出【图一】尺寸线，缝纫机沿线配合均匀压布脚直线车缝，沿车线外多余部分剪除。
3. 装饰图案布剪下想要的大小，参考作品图放在想要的位置，自由曲线方式车缝。
4. 把文字贴布图形描绘在热黏着衬纸面上，稍微大一点剪下，烫在文字贴布用布的背面，沿线剪下，撕去背纸，参考作品图，烫粘在适合的位置上。

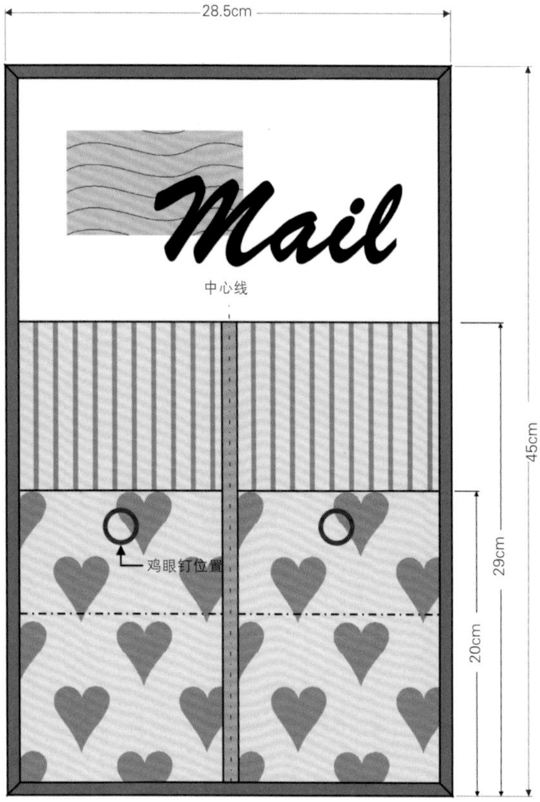

28.5cm

Mail

中心线

鸡眼钉位置

45cm

29cm

20cm

图一 作品结构

图二 文字贴布图形

5. 以机缝或者手缝方式沿文字边缘进行毛毯边缝。
6. 上口袋表布贴薄布衬，与里布裁剪成22cm×28.5cm各一片，缝份1cm，车缝上下边缘成20cm×28.5cm，完成后距离上缘0.5cm压缝一道线。
7. 下口袋表布贴薄布衬，与里布裁剪成21cm×40.5cm各一片，缝份1cm车缝上缘，完成后距离上缘0.5cm压缝一道线。
8. 依照下口袋鸡眼钉位置做出记号，将鸡眼钉完成。
9. 将上口袋依据【图三】在上口袋表布画出记号线，将打折处烫好，并紧沿折山边缘车缝使折山立体固定。
10. 参考【图一】，将上口袋放上，车缝下缘，疏缝中心线。
11. 参考【图一】，将下口袋放上，对齐下缘，疏缝两侧及中心线。
12. 缎带一端折入1cm，放置在口袋中心，对齐中心线车缝两侧。
13. 利用剩余里布做好背后穿杆布片，放置在背面对齐上缘，疏缝，待包边时一并车入。
14. 完成四边包边后，背后穿杆布下缘与表布贴缝，即完成作品。
15. 包边方式直布条或斜布条都可，请参考通用制作技巧示范P144“直布条包边”或P143“斜布条包边”。

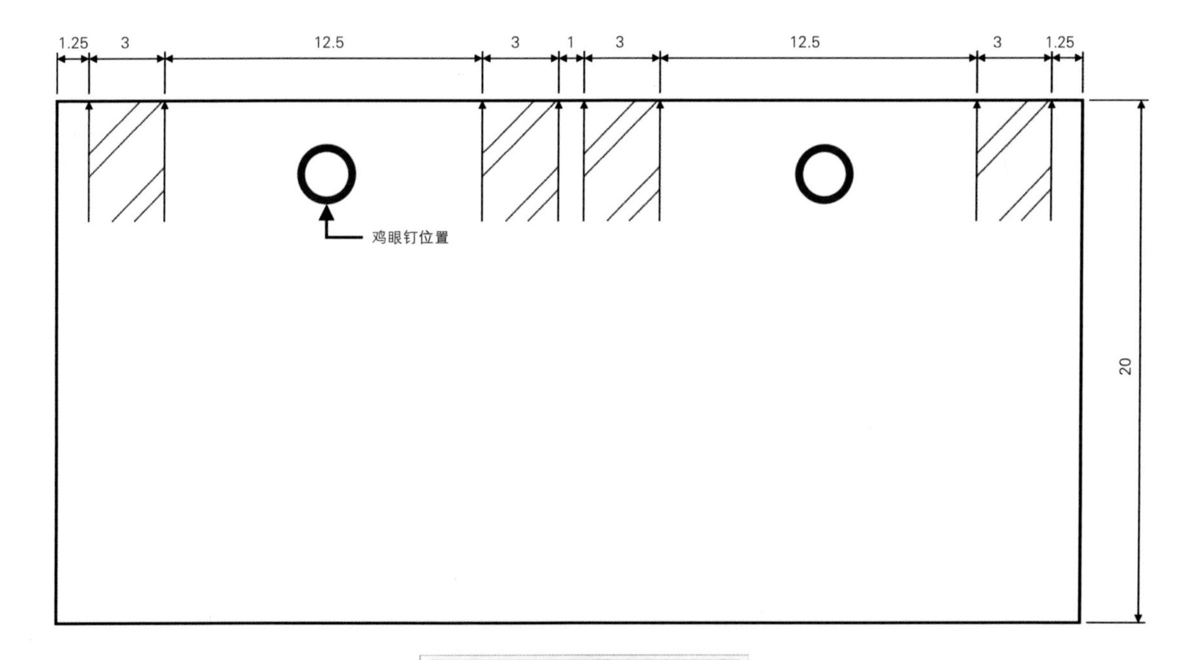

图三 立体口袋尺寸（单位：cm）

作品→ P61

10 文艺复兴侧背包

成品尺寸 } W47cm×H27cm×D15cm

主要材料 } 正面袋身表布配色布两种：30cm×30cm各1片，主题图案布：30cm×30cm×1片，背面袋身表布：30cm×55cm×1片，侧面袋身帆布两种：20cm×50cm各1片，里布：70cm×110cm×1片，厚布衬：70cm×110cm×1片，薄布衬：70cm×110cm×1片，铺棉：45cm×110cm×1片，布用热黏着衬纸：30cm×30cm×1张，内径18mm鸡眼钉8颗，内径35mm铜环4个，45cm长提手2条

工具 } 基本手缝工具，缝纫机，自由曲线压布脚，均匀压布脚，万用压布脚，鸡眼钉工具，熨斗，烫垫

做法

袋身正面与背面

1. 裁剪配色布两种，尺寸为13cm×30cm及27cm×30cm各一片，将之接合成30cm×38cm，缝份倒向深色烫平。
2. 准备32cm×40cm铺棉及坯布，与步骤1完成的表布三层疏缝或喷胶固定，稍作简单压缝。
3. 主题图案布裁切成23cm×26cm，顶端与右侧折入缝份0.7cm，后衬同样尺寸的热黏着衬纸，熨斗烫粘撕下背纸留下黏着网，参考作品图放置在步骤2

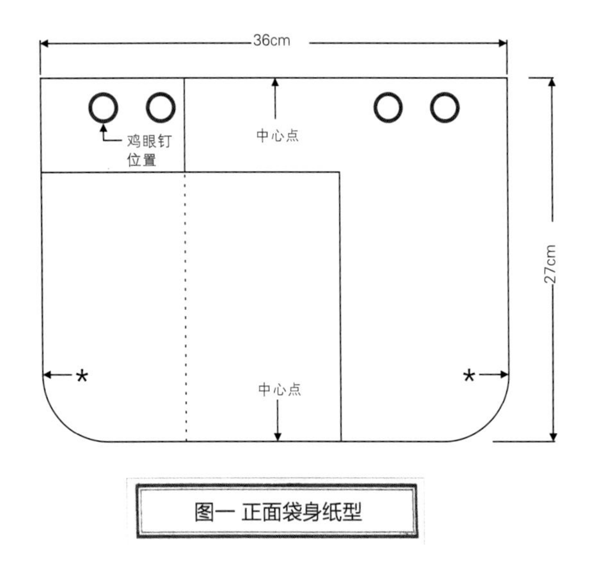

图一 正面袋身纸型

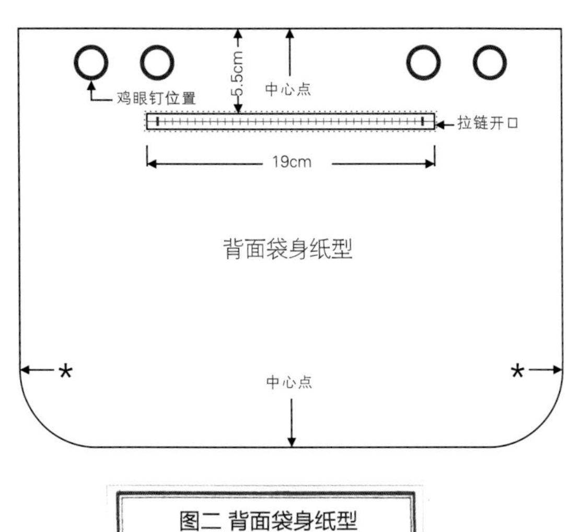

图二 背面袋身纸型

完成的袋身表面左下角的位置，再次熨斗烫粘。

4. 自由曲线方式将主题图案布的纹路压缝出，取袋身纸型在压缝完成的袋身表面上沿边画出完成线，沿完成线直线车缝一圈，外留1cm缝份，剪去多余部分，完成袋身正面制作准备。
5. 裁剪背面袋身表布30cm×38cm，与相同尺寸铺棉及坯布三层对齐叠好，喷胶或疏缝固定，进行简单压线。
6. 在背面袋身表面以袋身纸型描绘完成线，沿记号线车缝一圈，外留缝份1cm剪下。
7. 如果需要，可以在袋身背面做一字形开口拉链口袋，相关步骤请参考通用制作技巧示范P146“一字形拉链口袋”。

袋身侧面

8. 裁剪侧面袋身帆布两种，尺寸和配色各参考【图三】及作品图，背面都要烫上一层厚布衬，缝份外留1cm剪下。
9. 再将之接合成15cm×85.7cm，缝份倒向深色烫平，接合处压缝装饰线。
10. 烫衬方式请参考通用制作技巧示范P142“单层与双层厚布衬”。

袋身接合

11. 袋身正面与侧面对齐记号，底部中央及转弯合印记号点，疏缝，然后用缝纫机配合均匀压布脚，用14或16号厚布用车针车缝结合。
12. 袋身背面以相同方式与侧面车缝结合。

内里

13. 参考袋身与侧面纸型，外留缝份至少1.5cm准备里布及薄布衬，将里布与薄布衬烫粘。
14. 将袋身纸型与侧面纸型各自画在烫好薄布衬的里布上，周围留缝份1cm，剪去多余部分。
15. 若想制作内口袋也可这时候制作，制作方式请参考通用制作技巧示范P149“平面内口袋”及“拉折内口袋”。
16. 将正背面袋身里布分别与侧面袋身里布车缝，完成内里。

袋体完成

17. 将袋身与内里都翻至里面朝外，两部分底部相对，两部分袋底直线部位车缝结合。
18. 将袋身翻至正面，袋口缝份1cm向内折入，内里的袋口缝份也折入1cm，对齐内里与袋身的袋口折边，以强力夹固定，用缝纫机配合均匀压布脚，距袋口边缘0.3cm直线车缝。
19. 袋口侧的鸡眼钉位置标出，将鸡眼钉打好。
20. 参考作品图将铜环穿入，将提手穿好，即完成作品。

Point

A. 自由压线可使用金葱线或者缎染车线制造变化。
B. 内袋可进行多层次制作，让袋物使用起来更方便。
C. 帆布可以视厚度决定是否需要烫厚布衬。

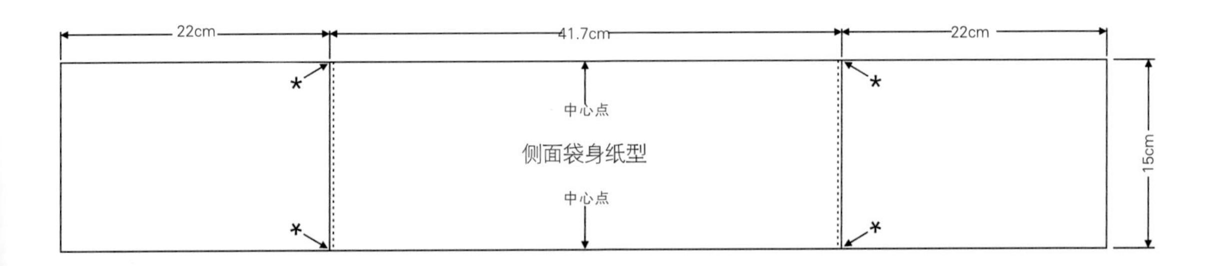

图三 侧面袋身纸型

作品→ P65

11 剪刀套

成品尺寸｝W20cm×H9cm

主要材料｝表布三种（三色）：20cm×25cm各1片，表布配色布六种（六色）：10cm×10cm各1片，里布：25cm×25cm×1片，绿色羊毛毡：10cm×10cm×1片，双胶铺棉：25cm×25cm×1片，水兵带15cm，直径2cm装饰扣1颗，8号渐变绣线1色

主要工具｝基本手缝工具，缝纫机，均匀压布脚，刺绣针

做法

1. 纸型剪下，用反画的方式把三种表布对应纸型A、B、D画好，缝份留1cm，里布也以反画的方式左右各画一片剪下，缝份也是留1cm。
2. 取一种配色布，以纸型C正反各画一片，正面相对，在标示缝合侧部分车缝，完成后缝份转角斜剪，修去多余部分，翻至正面烫平。
3. 表布A与B正面相对，对齐缝合边，夹入C，别上珠针缝合，缝份倒向A烫平。
4. 上述缝合片与D正面相对，以珠针固定缝合，缝份倒向D侧烫平。
5. 里布两片正面相对，以珠针固定，中央预留返口5cm缝合，缝份摊开烫平。
6. 铺棉放置最下方，表布与里布正面相对对齐记号线，别上珠针，沿周围记号线车缝一圈，若是手缝以回针缝完成。
7. 修去缝线外多余铺棉，并剪牙口，借助返口翻至正面整理好，将返口以工字缝缝合。
8. 沿边缘压缝一圈。将叶片纸型描绘在绿色羊毛毡布上剪下，参考【图一】放置到设计位置，用珠针固定，以飞鸟绣完成叶脉的同时也将叶子缝在了袋体上。
9. 利用其余五种配色布，裁切直径9cm圆形布三片、7cm圆形布两片，缝成yo-yo五个，参考【图一】贴缝在设计位置。背面单独的yo-yo缝合前，要先将水兵带对折疏缝在预定位置上，然后才将yo-yo覆盖贴缝。
10. 水平方向对折，卷针缝方式缝合侧边直到底部，将扣子缝在正面袋口处，即完成作品。

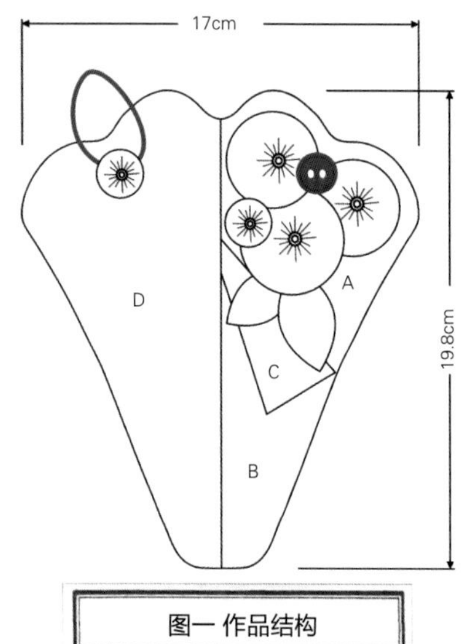

图一 作品结构

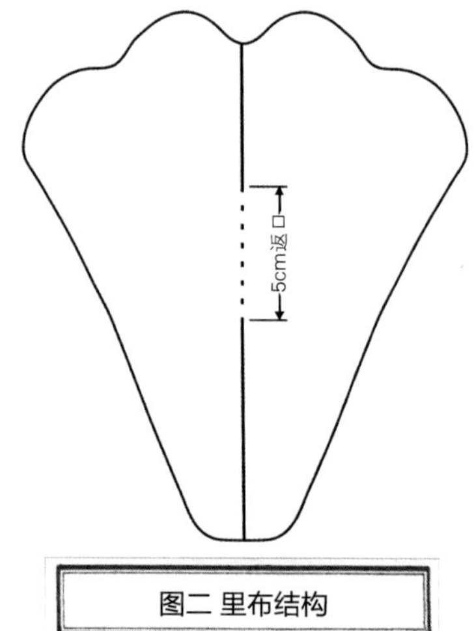

图二 里布结构

Point

这个剪刀套适合长度为21cm的剪刀使用。

作品→ P66

12 口金收纳包

成品尺寸｝W11cm×H9cm×D5.5cm

主要材料｝表布配色布四种：10cm×25cm各1片，表布主要用色布：18cm×25cm×1片，表布装饰用图案布三种：10cm×25cm各1片，里布：22cm×32cm×1片，双胶铺棉：22cm×32cm×1片，薄布衬：22cm×32cm×1片，热黏着衬纸：30cm×30cm×1张，25号深灰色绣线1束，10cm口金1个

主要工具｝基本手缝工具，刺绣针，疏缝针，缝纫机，均匀压布脚，皮革线

做法

袋表的制作

1. 将四种配色布裁剪成4cm×22cm各两片，参考作品图依照顺序拼接成一片，缝份单向倒向烫平。
2. 主要用色布裁剪成14cm×22cm，与步骤1完成的组合片车缝，缝份倒向主要用色布烫平。
3. 参考【图三】取表布纸型，在接合好的表布上沿边画好，完成参考线。
4. 准备比表布略大的铺棉及坯布，与表布三层铺平烫粘，在完成参考线范围内、拼接部分落针压线。
5. 再次利用纸型，在压好线的表布上沿边画出完成线，用缝纫机配合均匀压布脚直线方式沿记号线车缝一圈。
6. 三种装饰用图案布各剪下想要的尺寸，并剪下对应尺寸的热黏着衬纸，利用熨斗将图案布与衬纸烫粘，撕去背纸，放在表布上想要的位置，再次用熨斗烫粘。
7. 用毛毯边缝绣法，沿装饰图案布边缘手缝绣好。
8. 完成记号线外的铺棉修除，完成后袋身保留缝份1cm，其余剪除。
9. 依照记号将表布两端接合成环状，接合点对齐圆

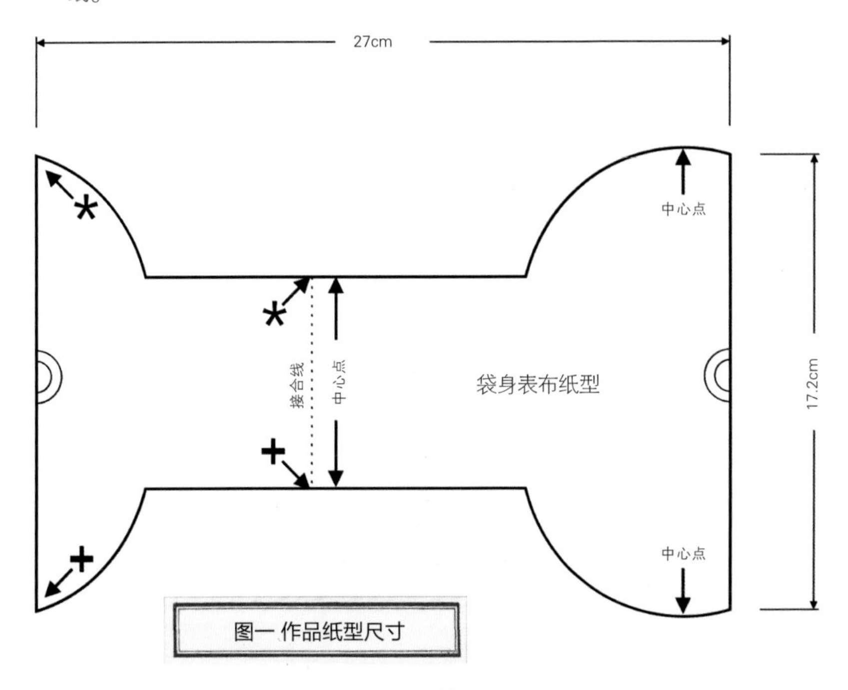

图一 作品纸型尺寸

弧标示记号点，别上珠针固定，其余直线对弧线也别上珠针，回针缝方式沿线缝合。

内里与袋物完成

10. 里布裁剪成22cm×32cm，烫薄布衬后将内里纸型画在背面，预留缝份1cm剪下。
11. 接合两端成环状，接合处对照纸型记号点别上珠针固定，其余直线对弧线也别上珠针，回针缝方式缝合。
12. 内里袋口开口边缘，往里侧折入1cm缝份，整烫或者以骨笔推出折线。
13. 袋身开口边缘往里侧折入1cm缝份疏缝，将内里套入袋内，对齐袋身与内里开口缝份折入边缘，以卷针缝方式缝合。
14. 找出口金正中央缝孔，对齐袋物中心点标示点，疏缝针配合皮革线双线，从袋物中心点开始往两侧与口金缝合，完成袋物制作。

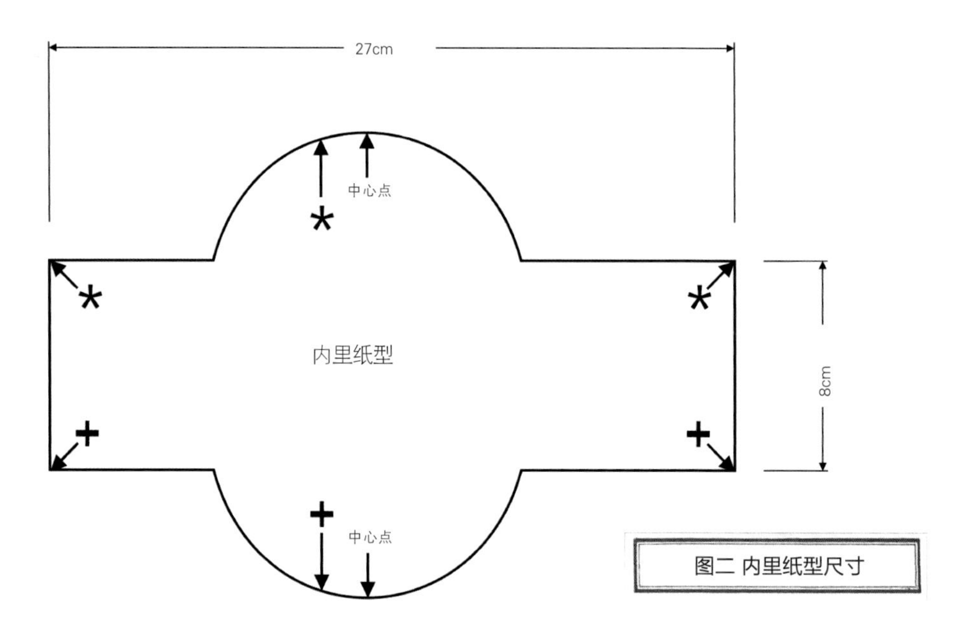

图二 内里纸型尺寸

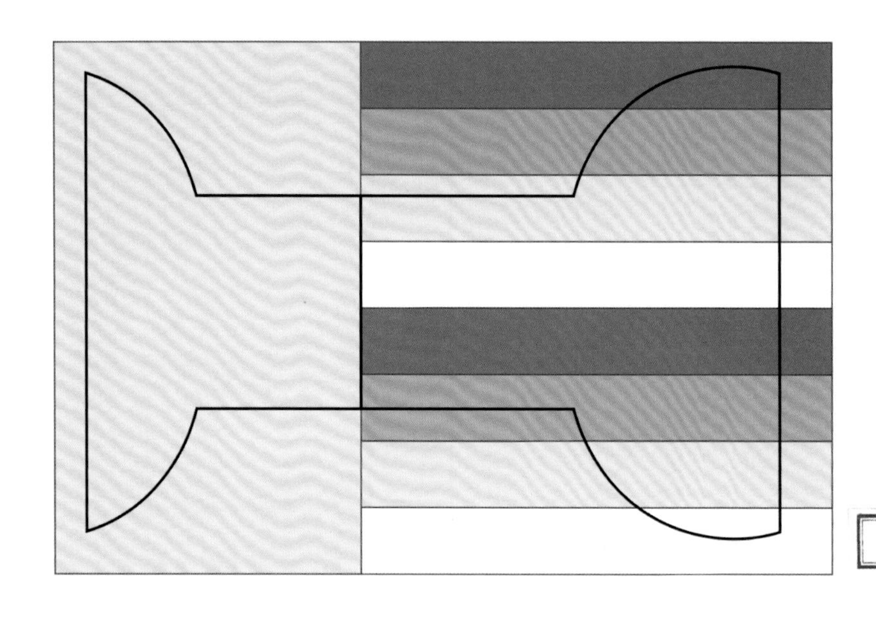

图三 表布拼接取图

作品→ P69

13 六角花朵针插

成品尺寸} W9.5cm×H9.5cm×D2cm

主要材料} 表布配色布七种：5cm×5cm各1片，后背布：15cm×15cm×1片，直径1cm小扣子1颗，直径2.5cm扣子1颗，8号绣线约180cm，填充棉适量

主要工具} 基本手缝工具，返里钳，疏缝针，缝份圈

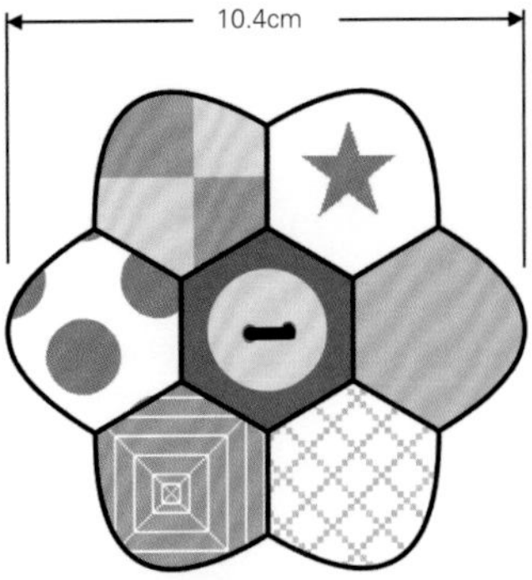

10.4cm

图一 表布纸型尺寸与配置

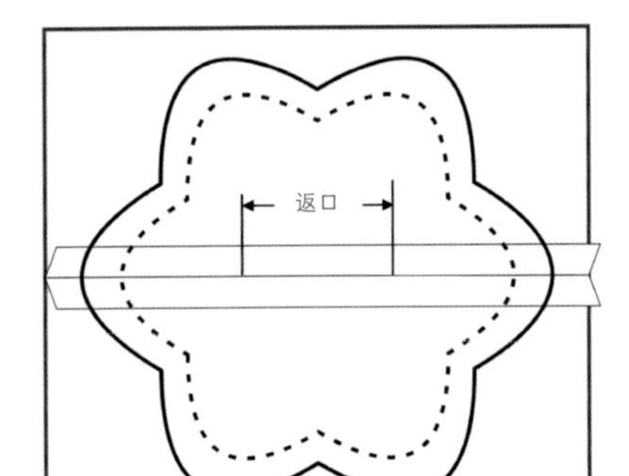

图二 后背布结构与取布

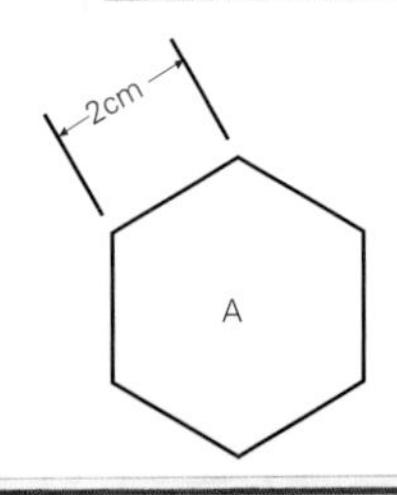

图三 中央六角纸型示意

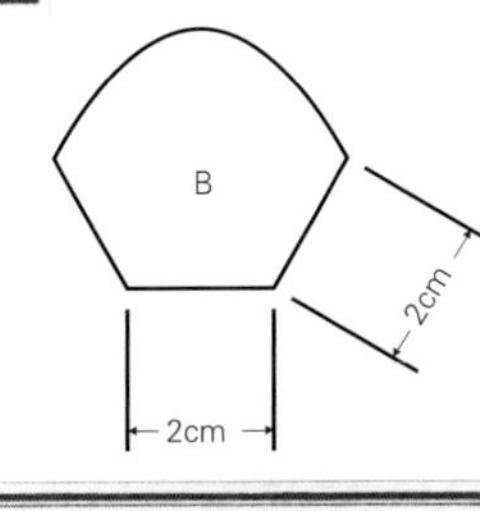

图四 花瓣纸型示意

做法

1. 六种配色布依照花瓣纸型（纸型B）画记号线在背面，剩下一种配色布画中央六角纸型（纸型A）在背面，画好后依照【图一】配置，点到点方式缝合，完成后将缝份整理熨烫，周围缝份展开烫平，完成表布。
2. 后背布对剪成7.5cm×15cm两片，正面相对，中央预留返口5cm不车缝外，缝份0.7cm车缝长向一边，缝份烫开。
3. 正背面纸型画在步骤2完成的布片背面，以缝份圈辅助画出0.7cm缝份，剪去多余部分。
4. 步骤3完成的后背布与表布正面相对，沿记号线以回针方式缝合，外围弧度内凹处剪牙口。
5. 利用返里钳从返口翻至正面，并利用返里钳推出圆弧。
6. 塞入填充棉，仔细塞紧，手缝方式缝合背面返口。
7. 疏缝针穿入绣线，双线打结，从表布正中央垂直穿至背面，紧邻出针位置再次穿至正面拉紧，参考作品图环状六个角度上下绕缝拉紧，最后一次拉至正面穿入大扣子缝上，背面以小扣子对应压紧中央。缝好扣子后，往一侧穿出打结，返穿藏入线结，完成作品。

作品→ P70

14 工具收纳包

成品尺寸｝W20.5cm×D11.5×H11cm

主要材料｝表布拼接用配色布六种：16cm×20cm各1片，袋身用布：20cm×110cm×1片，里布：45cm×110cm×1片，包边斜布条：4cm×120cm×1条，文字用布：10cm×20cm×1片，装饰图案布：10cm×10cm×1片，薄布衬：45cm×110cm×1片，热黏着衬纸：10cm×30cm×1片，双胶铺棉：45×110cm×1片，皮提手1副，25cm拉链2条

主要工具｝基本手缝工具，缝纫机，均匀压布脚，自由曲线压布脚，黑色车线

做法

1. 六种配色布裁切成4cm×16cm各两片，再挑其中两种裁成6cm×16cm各一片，拼接成如【图五】所示组合表布，相同方式共做两片，完成上盖表布与袋底表布。
2. 铺棉、坯布裁切成与组合表布相同尺寸，三层叠放烫粘，落针压线。
3. 装饰图案布剪下想要大小，参考作品图放在上盖表布预定位置，自由曲线方式沿边重复车缝。
4. 把文字图样描绘在热黏着衬纸面上，稍微大一点剪下，烫在文字用布背面，沿线剪下，撕去背纸，贴在上盖表布适当的位置，自由曲线方式沿边车缝。
5. 参考【图五】，取纸型在上盖与袋底两片表布上描绘完成线，用缝纫机沿记号线车缝，完成后将完成线外的铺棉修除，留下缝份0.7cm，剪去多余部分。
6. 袋身用布、铺棉及坯布剪下2.5cm×52cm各一片，除拉链侧无须外留缝份外，其余三边留缝份1cm，三层烫粘，拉链侧包边，取纸型对齐拉链侧边缘画出完成线，用缝纫机配合均匀压布脚沿线车缝，并将车线外铺棉修除，完成侧身上片。包边方式请参考通用制作技巧示范P143“斜布条包边”。
7. 袋身用布、铺棉与坯布剪下13cm×57cm各一片，间距1.5cm、水平方向压线，完成后取纸型画出完成线，除拉链侧无须外留缝份外，其余三边留缝份1cm，用缝纫机配合均匀压布脚沿线车

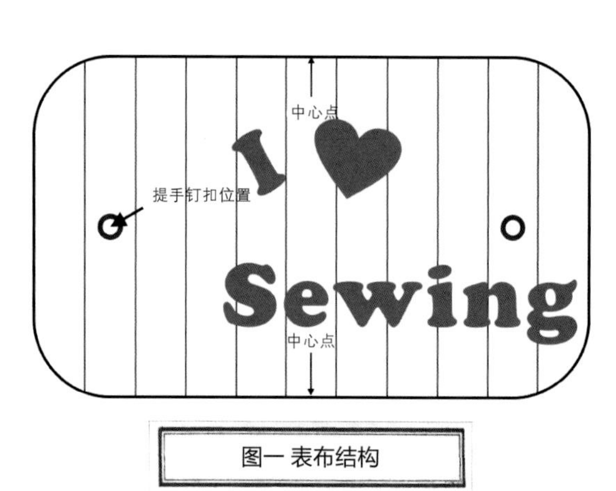

图一 表布结构

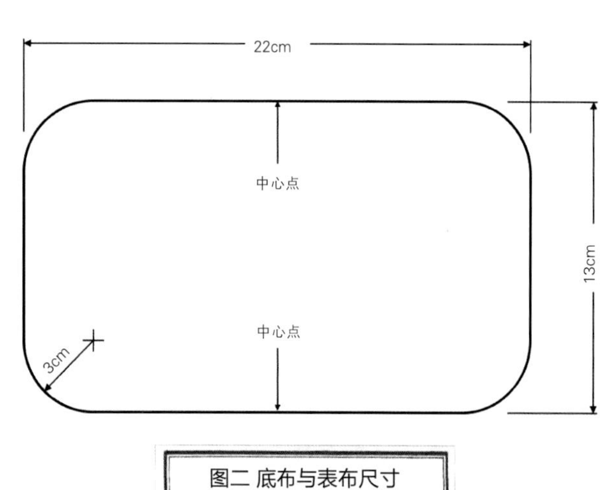

图二 底布与表布尺寸

缝，并将车线外铺棉修除，完成侧身下片。

8. 侧身上下两片找出长度中心点，将拉链从袋身中心点往两侧手缝贴上。手缝拉链方式请参考通用制作技巧示范P145“手缝拉链”。
9. 里布烫好薄布衬，裁出4.5cm×54cm及10.5cm×54cm各一片，一侧烫入缝份1cm，将拉链贴边缝上，完成侧身里布。
10. 袋身用布、铺棉及坯布剪下15cm×17cm各一片，三层烫粘，间距1.5cm、垂直方向压线，完成后在正面描绘后背纸型，用缝纫机配合均匀压布脚沿线车缝，完成后将缝份内铺棉修除，留下缝份1cm，剪去多余部分，完成袋身后背。
11. 袋身后背与侧身依照记号相对组合成环状，先疏缝再车缝，完成后将缝份倒向后背布侧疏缝。
12. 里布裁剪13cm×15cm一片，两侧烫入缝份1cm，以贴布缝方式把它缝在袋身后背内侧。
13. 上盖表布与环状侧片对齐中心点疏缝然后车缝，缝份往上盖疏缝，同样的做法完成袋底。
14. 里布烫薄布衬，将表布纸型画在背面，外留1cm缝份剪下，略剪牙口，将缝份烫入（或折入再烫）1cm，烫好后以贴布缝方式缝在上盖表布和袋底表布内侧。
15. 标出上盖表布提手钉扣位置，打洞，将提手固定，即完成作品。

Point

内隔层口袋可依所需自行设计制作，市面上也有整理盒组件方便配合运用。

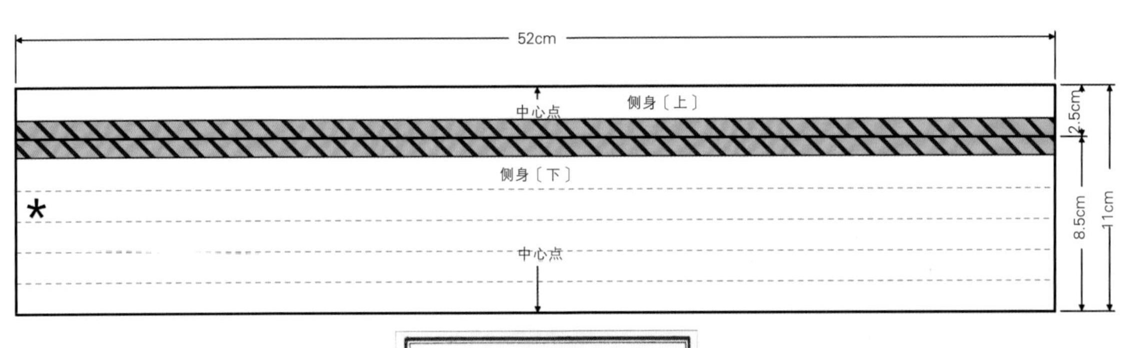

图三 侧身结构与尺寸

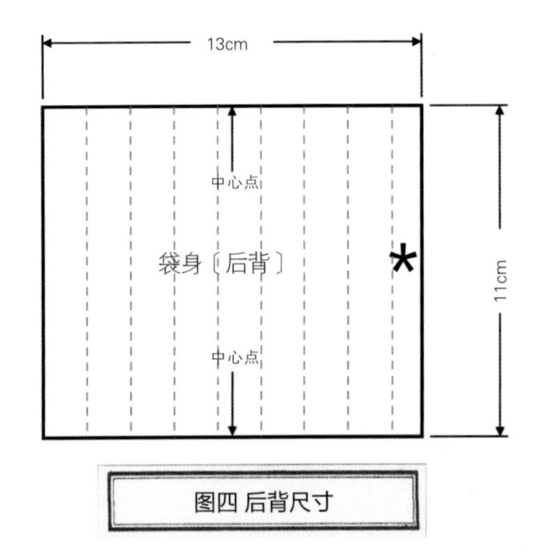

图四 后背尺寸

图五 表布取图

作品→ P73

15一个人的单车下午

成品尺寸｝W20cm×H40cm×D7cm

主要材料｝表布拼接用配色布五种：27cm×30cm各1片，袋身用素色帆布：10cm×100cm×1片，袋身用图案帆布：30cm×60cm×1片，里布：60cm×110cm×1片，双胶铺棉：30cm×100cm×1片，薄布衬：60cm×110cm×1片，20cm拉链1条，10cm拉链1条，单肩背带1条

主要工具｝基本手缝工具，缝纫机，均匀压布脚，万用压布脚，拉链压布脚，撞钉工具，缝份圈，滚边器

5.5cm 12cm 40cm 28cm 20cm

图一 袋身正面尺寸与结构

做法

前片与背面袋身

1.拼接用纸型剪下，配色布挑选四种，以反画的方式将梯形纸型画在布背面，各色画12片，并标示止缝点（中央正方形角落），缝份1.5cm剪下。第五种配色布依照正方形纸型画12片，缝份1cm剪下。

2.参考【图八】，将拼接部分缝合完成。单片小木屋部分，梯形与中央正方形围绕拼接，缝份修剪为0.7cm，缝份倒向梯形烫平；组合小木屋的部分，分列将缝份错开，分左右倒向方式缝合，缝份修剪为0.7cm。整面拼接完成后单一侧倒向烫平。

3.裁剪与拼接片相同尺寸的铺棉与坯布各一片，三层叠放铺平烫粘，落针压线。

4.参考【图六】，剪下袋身前片（下）纸型，正面朝下，放在步骤3完成的布片背面画出完成线，除上缘外，其余三边利用缝份圈外扩缝份1cm，然后沿完成线车缝一圈，沿缝份线剪去多余部分，上缘则紧贴完成线修剪多余部分。

5.图案帆布、铺棉与里布各自剪下25cm×42cm一片，三层铺平烫粘，袋身后片纸型正面朝下放在布表，水消笔沿边画出参考线，在参考线范围内，依照图案落针压线，临参考线处超出一到两针。

6.袋身后片纸型正面朝下，画在压好线的图案帆布正面，沿记号线车缝一圈，并外扩缝份1cm，剪去多余部分。

7.图案帆布、铺棉及坯布各剪下17cm×17cm一片，三层烫粘后取袋身前片（上）纸型，纸型背面朝下，水消笔沿边画在布表当做参考线，在参考线范围内依图案压线，临参考线处超出一到两针。

8.袋身前片（上）纸型正面朝上，描绘在步骤7完成的压线片布表，除下缘外，其余外扩缝份1cm，剪去多余部分，下缘（拉链侧）临完成线剪去多余部分。

9.图案帆布剪下4cm×15cm斜布条两片，烫成包边条备用。

10.里布剪下15cm×22cm一片作为内口袋布，与袋身前片（下）背面相对，两片上缘及中心对齐，疏缝后包边。

11.袋身前片（上）纸型翻面，正面朝下画在里布上，除下缘（拉链侧）外其余外留缝份1cm剪下，完成后与袋身前片（上）表布片背面相对喷胶固定，下缘（拉链侧）包边完成。

12.将10cm拉链以手缝方式缝在袋身前片上下片交界处，完成后将内口袋布往上翻至顶端，沿袋身完成线疏缝固定后，剪去缝份外多余部分。

13.里布与薄布衬各裁剪25cm×42cm一片，熨斗烫粘后，取完整袋身纸型正面朝上，画在里布背面。完成后与袋身前片背面相对，以珠针固定后沿袋身完成线疏缝一圈。

拉链侧身

14.参考【图三】，将侧袋身（拉链侧）纸型剪下。

15.纸型翻面，画在素色帆布背面。各留缝份1cm剪下，左右两片正面相对，对齐车拉链侧边缘及记号线两端，别上珠针，车缝缝合，缝份烫开。

16.里布烫上薄布衬后裁下3cm×7cm一片，类似延长拉链长度般车缝在拉链头侧，缝份倒向布边烫好。

17.参考【图三】，先以手缝方式将拉链疏缝在开口处，然后准备拉链压布脚沿拉链齿车缝一圈。

18.侧袋身（拉链侧）纸型正面朝上，依照左右两侧分别画在里布上，周围留1cm缝份剪下。

19.拉链侧烫入1cm缝份，将拉链布片贴边封口，侧袋身两侧边缘稍微疏缝固定里布与表布。

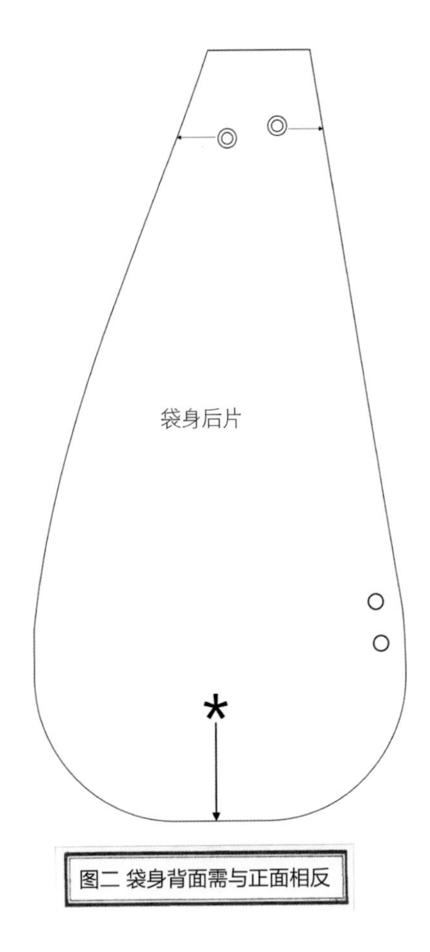

图二 袋身背面需与正面相反

20.侧袋身纸型背面朝上画在素色帆布背面，再正面朝上画在里布背面，两部分都预留缝份1cm剪下。

21.步骤20剪下的侧袋身帆布与里布正面相对，中间夹入步骤17完成的拉链片，拉链片正面与帆布正面相对，对齐三片边缘与完成线起始点，以强力夹固定，沿帆布“#”侧里面记号线将三片疏缝后，用缝纫机配合均匀压布脚车缝，翻至正面整理好后再沿接缝处，在侧袋身这边距缝合线0.5cm压缝一道线。

22.缝纫机调整缝份1cm针位，沿侧身边缘车缝，将完成线车出当做记号线。

袋身完成

23.袋顶背带用拉耳纸型剪下，图案帆布或者素色帆布挑选一种，纸型一正一反画在布背面，预留缝份1cm剪下。

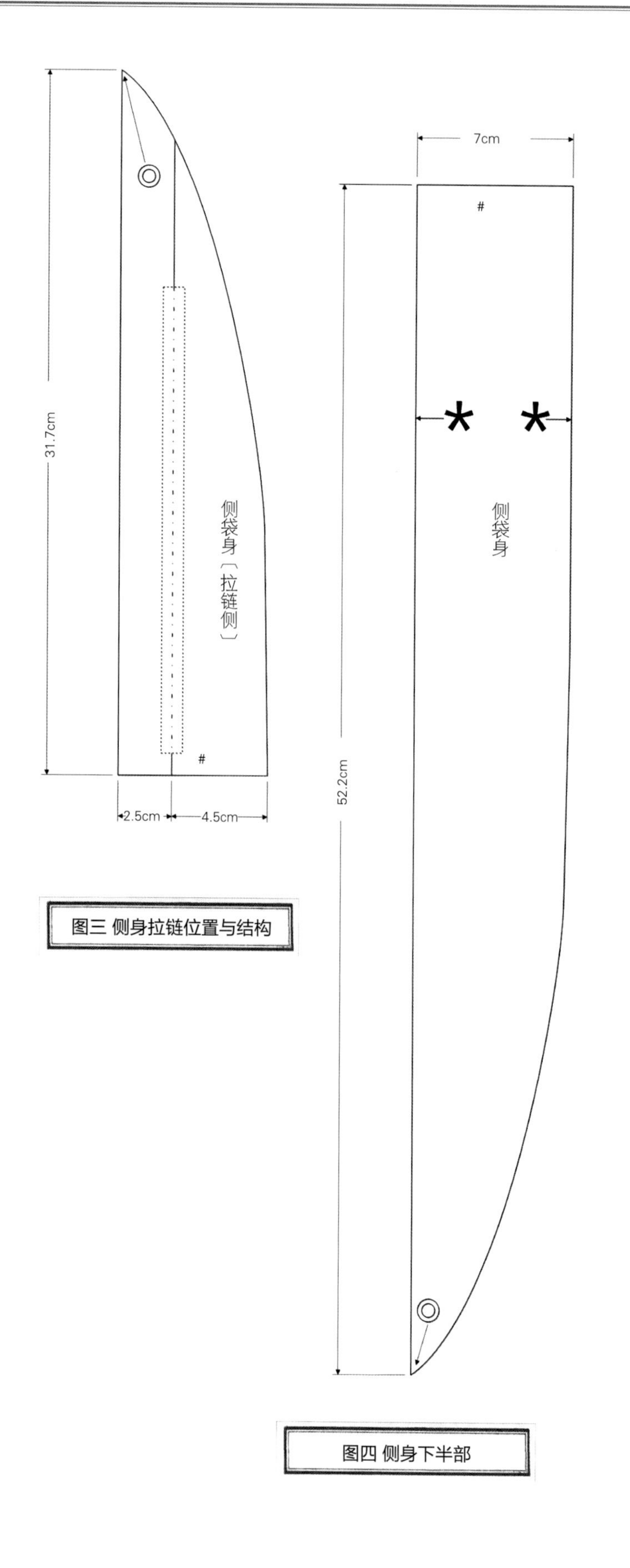

图三 侧身拉链位置与结构

图四 侧身下半部

24. 步骤23剪下的布片正面相对，左右与上缘车缝，上缘左右两侧转角斜剪修去直角，翻至正面整理好。
25. 里布裁剪斜布条4cm×220cm，烫好备用。
26. 袋身前片与侧身对齐“*”号往两边方向疏缝，弧度部分要回针，用缝纫机配合均匀压布脚车缝。顶端两点车到点为止就回针。
27. 上步骤车缝完成后包边。包边制作请参考通用制作技巧示范P143“斜布条包边”。
28. 袋身后片与侧身对齐“*”号往两边方向疏缝，弧度部分要回针，用缝纫机配合均匀压布脚车缝。至顶端回针。
29. 顶端开口夹入袋顶拉耳，对齐布边，车缝结合后，完成整体包边。包边制作请参考通用制作技巧示范P143“斜布条包边”。
30. 借助拉链开口翻至正面，参照袋身纸型钉孔位置将撞钉孔打出，背带梯形皮片放置在袋顶拉耳上标示钉孔位置，也将钉孔打出。
31. 利用撞钉工具将背带钉上袋身，即完成作品。

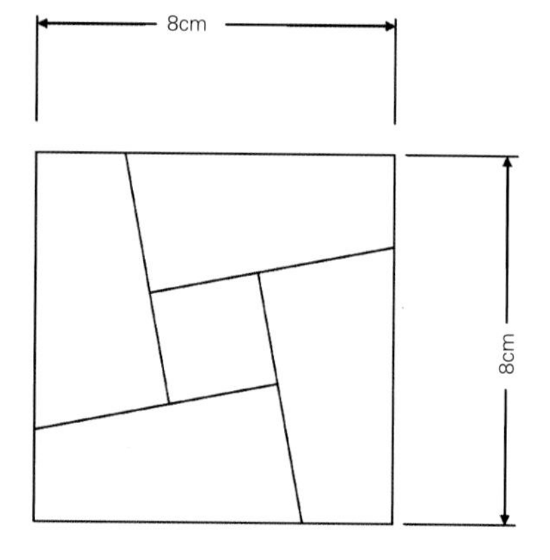

图五 拼接单片尺寸

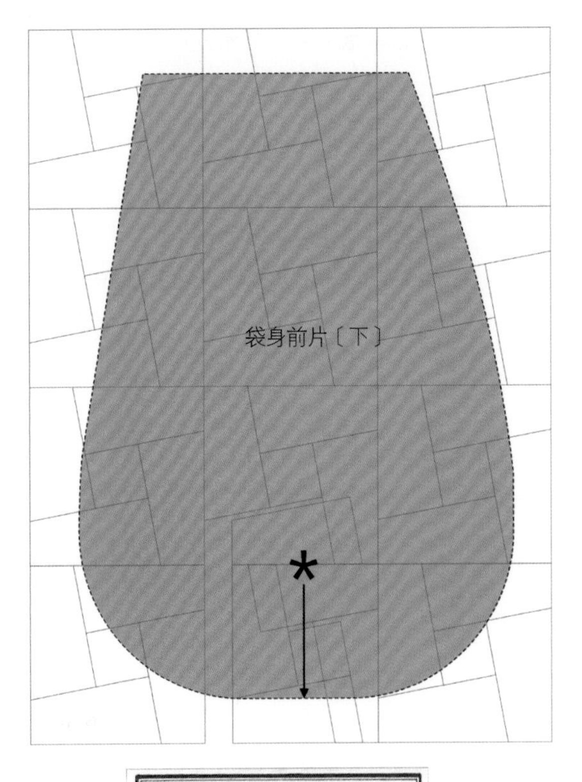

图六 袋身拼接片取样

图八 袋身前片拼接结构

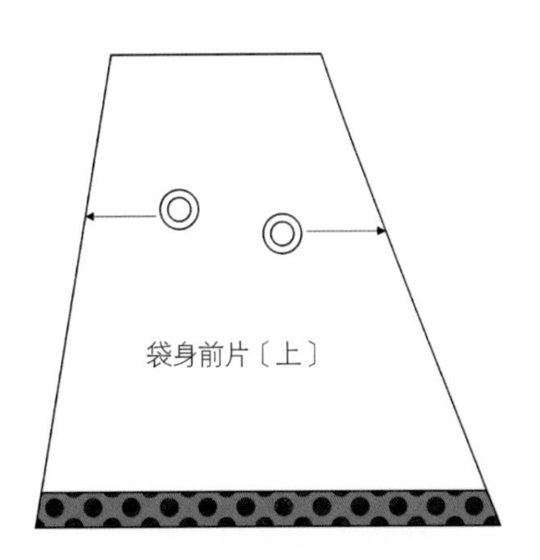

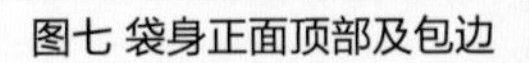
图七 袋身正面顶部及包边

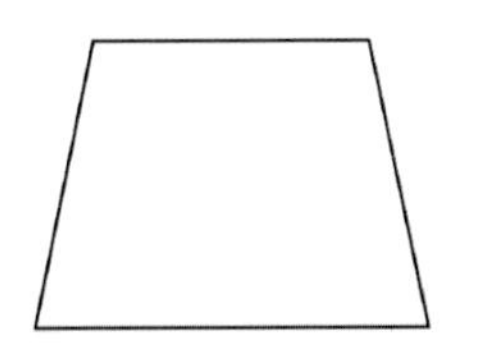

图九 袋顶拉耳片纸型

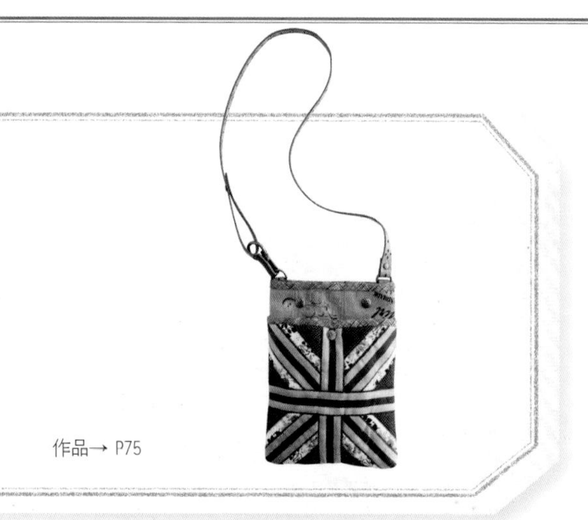

作品→ P75

16伦敦散步

成品尺寸｝W17cm×H21.5cm

主要材料｝外口袋配色布三种：30cm×55cm各1片，袋体用布：30cm×55cm×1片，里布：30cm×110cm×1片，包边斜布条：4cm×70cm×1条，双胶铺棉：25cm×25cm×1片，厚布衬：30cm×100cm×1片，薄布衬：30cm×55cm×1片，1.5cm宽织带10cm，四合扣3颗，撞钉4颗，内径1.5cm D形环2个，问号钩1个，宽度1.5cm皮带150cm

主要工具｝基本手缝工具，缝纫机，均匀压布脚，万用压布脚，四合扣工具，撞钉工具

做法

外口袋制作

1. 拼接纸型剪下，依照配色安排将纸型画在配色布背面，注意直布纹方向，外留缝份1.5cm剪下。
2. 将拼接部分缝合，全部以“端到端”方式缝合，四角落A～C箭形组合先缝合后，修剪缝份为0.7cm，倒向深色烫平，再与长方形D缝合成一长条，最后缝合E部分成一整片，缝份修剪为0.7cm，倒向深色烫平。

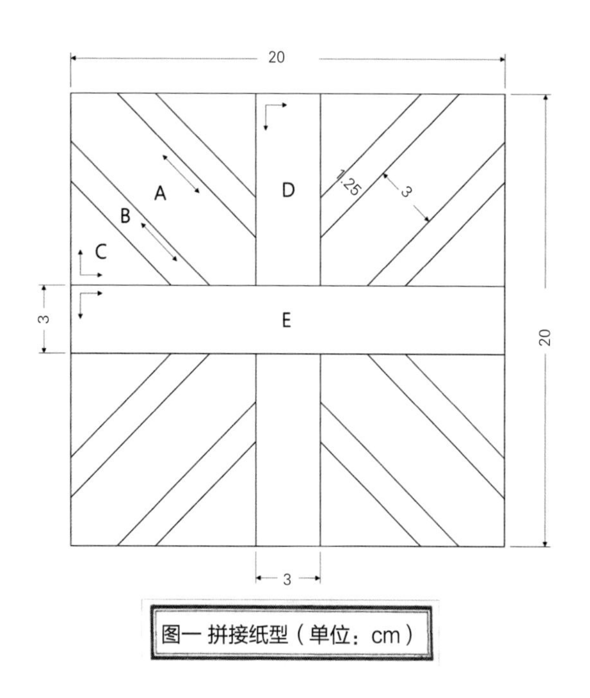

图一 拼接纸型（单位：cm）

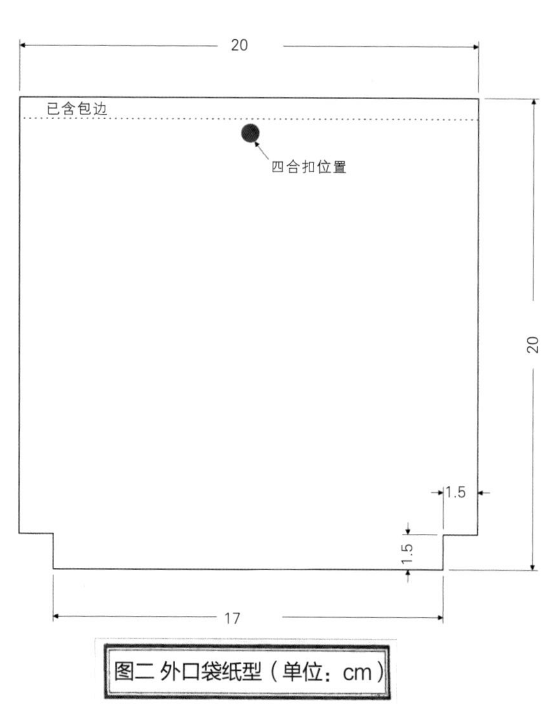

图二 外口袋纸型（单位：cm）

3. 铺棉、坯布裁成与拼接片相同尺寸，三层叠放铺平，熨斗烫粘，落针压线。
4. 取【图二】外口袋纸型，对齐水平与垂直中心，在拼接片表布面沿边用水消笔画出记号线。
5. 用缝纫机沿线车直线，除上缘外，其余边缘外留缝份1cm，剪去多余部分。
6. 疏缝拼接片下方两角落折角，点到点方式车缝，并将转角缝份剪开至距缝线0.3～0.5cm处并且摊开。
7. 里布烫薄布衬，裁成25cm×25cm，将外口袋纸型画在背面，除上缘外，其余边缘外留缝份1cm，剪去多余部分。
8. 以珠针固定里布下方两角落折角，点到点方式车缝，并将转角缝份剪开至距缝线0.3～0.5cm处并且摊开。
9. 将里布与拼接片背面相对，对齐底下折角，四周都疏缝结合。
10. 上步骤完成后上缘包边，根据纸型上的四合扣位置先将钉孔打出，完成外袋片。包边方式请参考通用制作技巧示范P143“斜布条包边”。

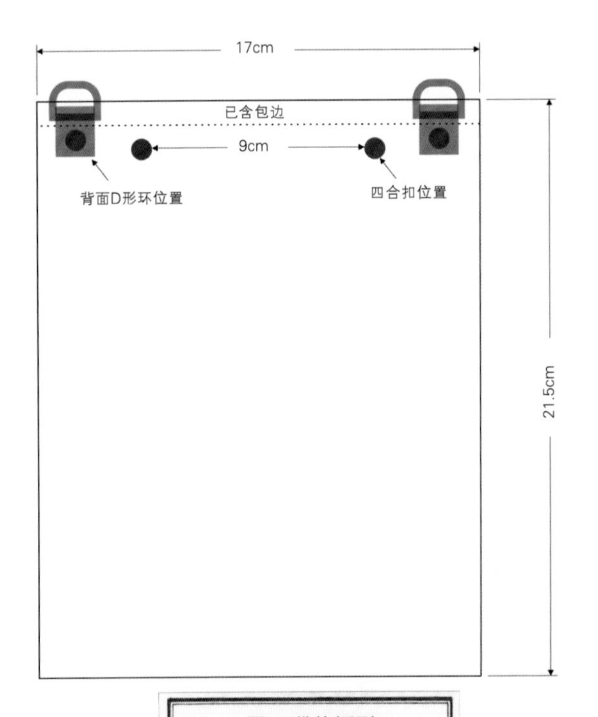

图三 袋体纸型

袋体制作

11. 袋体纸型剪下，画在厚布衬上，画两片不含缝份的剪下为“小衬”，两片外留缝份1cm的剪下为“大衬”，但四片上缘都不外加缝份1cm。
12. 依照先烫“小衬”再烫“大衬”的方式将厚布衬重叠烫在袋体用布背面，相同步骤完成两片袋体，烫好后以2B铅笔在背面自边缘往内画出1cm缝份记号线，沿厚布衬边缘剪下。烫衬方式请参考通用制作技巧示范P142“单层与双层厚布衬”。
13. 将外袋片与一片袋体正面相对，从下方袋底正中心开始，对齐两片往两旁疏缝，尤其外袋角落的折角缝份拉开符合袋体直角。
14. 另一片袋体正面朝下，与步骤13所完成正面相对，再次沿左右及下方完成记号线疏缝，其中不断回针加强。
15. 里布烫完衬后，将袋体纸型画在布背面，除上缘外，外留缝份1cm剪下两片，两片正面相对，沿记号线别上珠针对齐，车缝左右及下缘，完成里袋。
16. 里袋与步骤14完成疏缝的表袋重叠，再次沿完成线疏缝。
17. 缝纫机换上16号车针及均匀压布脚，压布脚中央对齐疏缝线，针位往左略调1～2格车缝，缝合后斜剪修去下方转角。
18. 从两片里袋中央翻至正面，再从袋体翻至袋表，用筷子推出袋底角落。
19. 袋口完成包边。包边方式请参考通用制作技巧示范P143“斜布条包边”。
20. 参考袋体纸型四合扣位置，用铅笔在袋体对应位置画出记号，配合工具将钉孔打出，并将四合扣钉上。
21. 通过外袋片四合扣钉孔，将外口袋四合扣钉上。
22. 将织带裁成5cm两条，头尾两端向内对齐中心点折入，套入D形环，在织带中央位置打上撞钉钉孔，参考袋体纸型，在袋体背面两端D形环位置打上撞钉钉孔，将D形环钉上。
23. 皮带依照腰臀尺寸量出长度，外加约10cm剪下适合长度，将一端套入D形环折入，钉上撞钉固定，另一端套入问号钩折入，钉上撞钉固定，完成作品。

17 欧风市集提包

作品→ P79

制作：陈玉英

成品尺寸｝W30cm×H20cm×D10cm

主要材料｝拼接用配色布四种：22.5cm×110cm各1片，袋身背面用布：22.5cm×110cm×1片，袋身顶部用布：22.5cm×110cm×1片，袋身侧面用布：35cm×110cm×1片，里布：70cm×110cm×1片，麻布：35cm×110cm×1片，薄布衬：70cm×110cm×1片，厚布衬：45cm×110cm×1片，双胶铺棉：110cm×180cm×1片，包边提手织带180cm，3cm宽蕾丝缎带10cm，10cm拉链1条，40cm拉链1条

主要工具｝基本手缝工具，缝纫机，同步压布脚，均匀压布脚，裁布圆刀及裁尺，切割垫，熨斗，烫垫

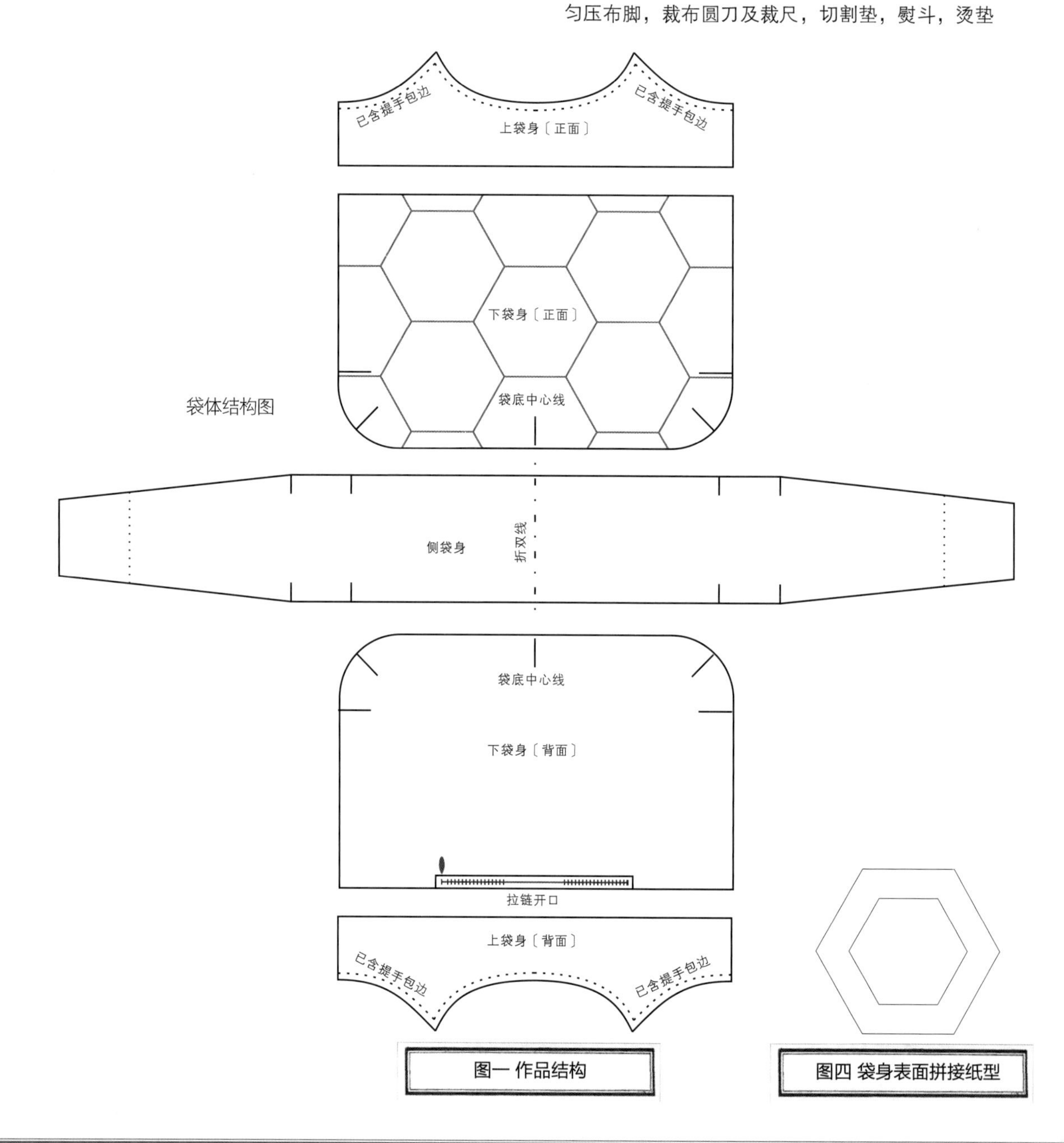

图一 作品结构

图四 袋身表面拼接纸型

做法

制作前准备

1. 将【图四】大六角形纸型剪下，依照纸型将四种配色布裁下总数34片，每色8或10片，麻布裁下17片备用，裁布前需整理熨烫，无须外留缝份。
2. 依小六角形纸型将铺棉画好，剪下17片，另外把小六角形纸型放在裁剪好的配色布及麻布表面正中央，画上六角形的6个角落点记号。
3. 除麻布外，两块预先裁好的同色系六角形背面相对，中间夹入一片预先裁好的六角形铺棉，熨斗烫粘，以此方式将17组配色布片与铺棉全部烫粘完成。

下袋身（正面）拼接与纸型放样

4. 将一组烫粘好铺棉的配色布片叠在麻布片上，对齐边缘，别上珠针固定。
5. 将两组别好珠针的布片组的麻布面相对，缝份1.5cm，点到点为止车缝，参考【图二】，先车缝成一整排。
6. 还是麻布面相对，将两排车缝结合，一样是点到点为止车缝，但分段车缝成一整片。
7. 车缝完后，将所有缝份用剪刀修为0.7cm，再垂直剪牙口，约每0.5 mm间距剪一刀，剪好后以尼龙刷轻刷搓揉做出抽须感。
8. 利用袋身纸型将完成线描绘在正面六角形接缝片背面，并外加1cm画出缝份记号，用缝纫机配合同步压布脚沿完成线车缝一圈，然后沿着缝份线将多余部分剪除。完成下袋身（正面）。

上袋身与下袋身（背面）制作

9. 袋身顶部用布裁剪12cm×36cm两片，铺棉底下放厚布衬三层烫粘，45° 角、间距1.5cm画一记号线，利用双针直线压缝，完成后利用纸型将完成线画在背面，并且外加画出缝份1cm。
10. 接续上步骤，沿着画出的完成线，用缝纫机直线车缝，借以在布片后也得到相对的记号线，方便袋体疏缝组合。完成正面和背面两片上袋身。
11. 袋身背面用布裁剪22.5cm×36cm一片，与铺棉及铺棉下方放的厚布衬一起三层烫粘，自由曲线方式沿着花纹压线，或者45° 角、间距2.5cm方格压线。
12. 上述压线完成后，利用袋身纸型将完成线描绘在上面，并外加缝份1cm。用缝纫机配合同步压布脚沿着完成线车缝一圈，并沿着外加1cm缝份线剪下。完成下袋身（背面）。

两处拉链制作

13. 依照纸型，在下袋身（背面）上缘处画出拉链开口位置。
14. 裁剪里布5cm×21cm一片成开口布、21cm×30cm一片成口袋布，在开口布背面画出如【图一】所示开口尺寸记号线。
15. 将开口布放置在下袋身（背面）上，正面相对对齐上缘，并对齐开口位置，以珠针固定。
16. 沿着开口位置记号线直线车缝，再剪开开口，将开口布翻至背面整理好，并且疏缝固定。
17. 15cm拉链背面朝下与口袋布正面叠放，对齐边缘与中央，用缝纫机配合拉链压布脚沿拉链上缘车缝。将拉链与布片摊开，缝份整理平整。
18. 车上拉链的口袋布对齐下袋身（背面）开口，车缝开口下缘，起针与结尾均需回针。
19. 口袋布向上翻折，边缘对齐拉链上缘，以珠针固定，车缝拉链开口两侧以及上缘，然后将口袋布两侧车缝。这部分做法，请参考通用制作技巧示范P146“一字形拉链口袋”。
20. 如【图二】所示尺寸，裁剪里布5cm×30cm四片，以及薄布衬3.5cm×28cm四片，将薄布衬烫在布片背面中央位置，形成布片双边有1cm、上下有0.7cm没有布衬，完成拉链布片准备。
21. 将拉链布片头尾（短边）1cm折烫进里侧。
22. 将40cm拉链正面与一片拉链布片正面相对，并且把拉链起头布往背面斜斜折入，用珠针或水溶性胶带固定。
23. 将另一片拉链布片盖上，用珠针或水溶性胶带固定，对齐边缘，配合拉链压布脚车缝。
24. 翻开至正面，整理好，同样配合拉链压布脚将拉链布片边缘车缝。
25. 拉链另一边也以同样步骤制作，完成拉链口布。

详细做法请参考通用制作技巧示范P148“拉链口布”。

袋身组合

26.将下袋身（正面）与上袋身（正面）正面相对，对齐并沿完成线疏缝，然后车缝结合，并修除缝份内的铺棉，翻开缝份朝上片整理好，用缝纫机配合同步压布脚或单边压布脚（需将压力放松调节），距缝合线0.3cm压缝一道装饰线，背面袋身也以相同方式制作。

27.裁切袋身侧面用布、铺棉及坯布14cm×90cm各一片，三层烫粘固定，用缝纫机配合同步压布脚直线压缝，完成后，取侧袋身纸型画完成线于背面，使用缝纫机同步压布脚沿完成线车缝，外加缝份1cm剪下，完成袋体侧身。

28.将袋体正面与侧身疏缝后车缝，翻至正面确认无误，再将袋体背面与侧身疏缝，然后车缝，完成袋身整体。

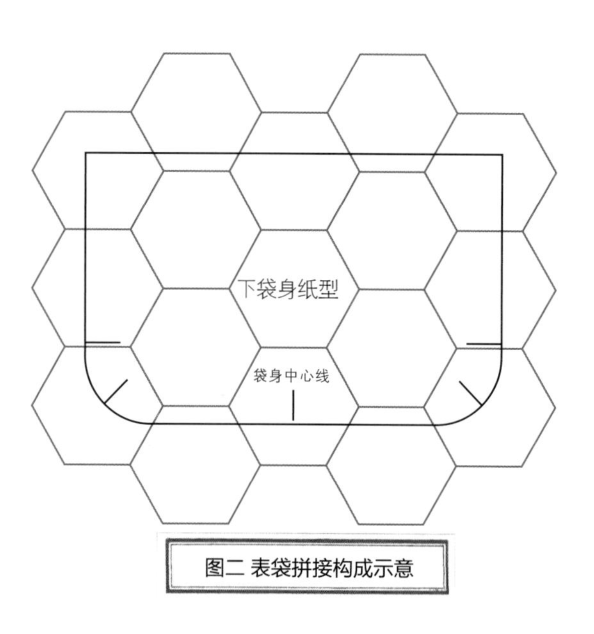

图二 表袋拼接构成示意

2cm×25cm

图三 拉链口布纸型

里布与袋口拉链接合

29.裁切袋身顶部用布及厚布衬13cm×35cm各两片，熨斗烫粘，用上袋身纸型绘制完成线，并且外加缝份1cm剪下，这是内里袋口。

30.裁切里布、薄布衬22.5cm×36cm各两片，熨斗烫粘，以袋身纸型描绘完成线于背面，并外留缝份1cm剪下，这是袋身里布。

31.如果喜欢内口袋，可以在这时候制作好车缝在袋身里布上。相关口袋制作请参考通用制作技巧示范P149“平面内口袋”及“拉折内口袋”。

32.将袋身里布与袋口片对齐，中间夹入袋口拉链布片，三片车缝组合，另一边也进行同样步骤。

33.裁切里布、薄布衬14cm×82cm各一片，袋身顶部用布、薄布衬8cm×14cm各两片，熨斗烫粘，然后以纸型描绘，外加缝份1cm剪下，接合成侧身里布。

34.将侧身里布与上述步骤完成的袋身里布车缝接合，从底部中心点往两侧车缝，完成袋身内里。

袋口包边与提手制作

35.将袋身内里套入步骤28完成的袋体，若需要，可将内外袋底四角稍微卷缝固定，可防止内里滑动。

36.内外袋体对齐袋口边缘，疏缝固定，然后剪取适当长度的包边提手织带，对折后包住袋口中央下弯处，疏缝后，将缝纫机换上16~18号车针及30~40号车线，沿织带边车缝。

37.取长织带，以其中一条袋身侧边的最上端为起点，将织带对折后包住袋缘，沿着袋缘疏缝，到提手位置直接对折织带，若手提就留下30cm，若想上肩就多留10cm，再接续另一侧，直到回到起点，整体袋口提手完成。结束时直接修剪，对齐起点无须重叠。疏缝完后也是用16~18号车针及30~40号车线沿织带边车缝。

38.起点与止点交会处，以缎带遮蔽，将缎带两端折入1cm，再对折包住织带会合处，直接车缝即可。

18 风车转转斜背包

作品→ P81

设计：游如意 制作：林玉芬

成品尺寸｝W26cm×H27cm×D5cm

主要材料｝配色布四种：11.5cm×110cm各1片，盖片用布：35cm×55cm×1片，盖片里布、袋身折里用布：70cm×110cm×1片，袋身表布：35cm×110cm×1片，袋身里布：70cm×110cm×1片，包边斜布条：4cm×80cm×1条，坯布：45cm×110cm×1片，双胶铺棉：70cm×110cm×1条，D形环与固定扣（撞钉）1组，宽度1.5cm缎带10cm，皮扣两组，市售斜背皮带1条

主要工具｝基本手缝工具，缝纫机，同步布压脚，万用布压脚，裁布圆刀及裁尺，切割垫，熨斗，烫垫，撞钉工具

做法

盖片部分

1. 四种配色布裁11.5×11.5cm各五片，缝份0.7cm拼接，缝份倒向以倒向深色为主，交界处缝份应错开。参考【图三】。
2. 透明胶板依纸型画好剪下，无须外留缝份，中央十字记号线画清楚。利用胶板十字记号线对准布接缝，沿边直接描绘在布表。
3. 画好后沿记号线剪下，参考作品图排列，缝份0.7cm车缝组合。
4. 盖片用布剪成31.5cm×35cm，与步骤3完成的组合片车缝接合，完成盖片表布。
5. 取铺棉、坯布35cm×60cm各一片，与盖片表布三层烫粘，风车图形部分以深色透明线落针压线，其余部位使用自由曲线或者斜格压线，建议间距2.5cm。
6. 盖片纸型放在上步骤表面，将纸型画在盖片表布上，无须外加缝份，中心记号线都要画出。
7. 裁剪盖片里布35cm×60cm一片，喷胶方式将之粘在盖片背后。
8. 用缝纫机以直线方式沿正面记号线车缝一圈，车线结果视为完成记号线。沿记号线修剪多余部分，并将边缘包边完成。包边方式请参考通用制作技巧示范P143“斜布条包边”。

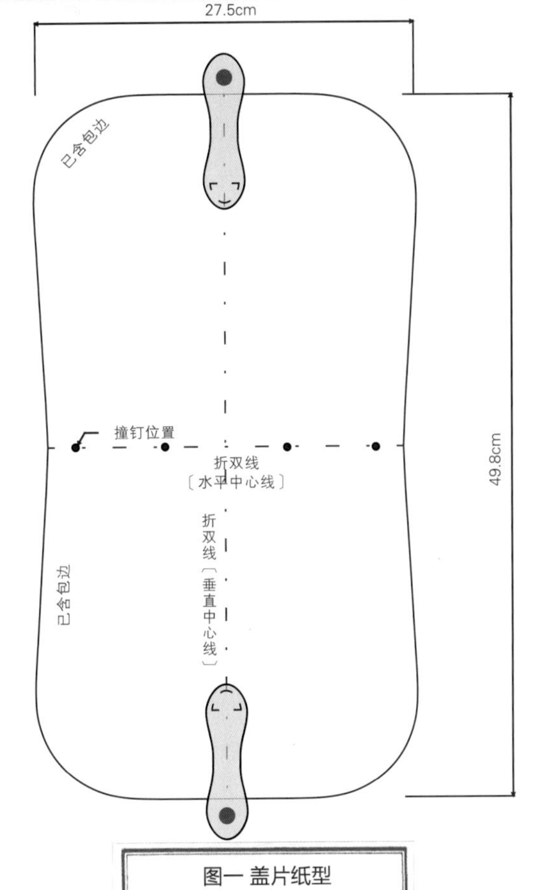

图一 盖片纸型

A	B	C	D	A
B	C	D	A	B
C	D	A	B	C

方块布片组合

图三 布片拼接方式

袋身——表布与里布

9. 袋身表布及袋身折里用布裁剪34cm×60cm各一片，铺棉、坯布等裁剪34cm×60cm各两片，将铺棉、坯布分别与袋身表布及袋身折里用布烫粘，然后45° 角、间距2.5cm方格压线，完成两片袋身。
10. 将袋身纸型画在上步骤完成压线的袋身布片上，需外加缝份0.7cm，沿记号线用缝纫机直线车缝一圈做出完成线标记，两片袋身都沿缝份线剪去多余部分。
11. 一片袋身表面中央位置画出袋身开口记号线，沿记号线车缝一圈，无须外留缝份剪出开口。
12. 另一片袋身表面两侧中央位置画出车缝D形环拉耳的中心记号参考线。
13. 两片袋身四角折角部位各剪一刀（参考【图二】），挑开车缝压线，修去完成线以外多余的铺棉。将折角以手工疏缝方式疏缝，然后以缝纫机车缝完成折角。
14. 将【图二】袋身纸型画在袋身里布背面，外留缝份0.7cm剪下，四周折角车缝完成，其中中央开口部位也画出，沿记号线剪出开口。
15. 袋身里布正面与袋身背面相对，疏缝开口及边缘，开口部分完成包边。
16. 里布裁出21cm×34cm及34cm×41cm各一片，正面相对，保留中央10cm返口不车，两端车缝接合成34cm×60cm，缝份摊开烫平，并将袋身纸型描绘在背面，外留0.7cm剪下，完成袋身后片里布。

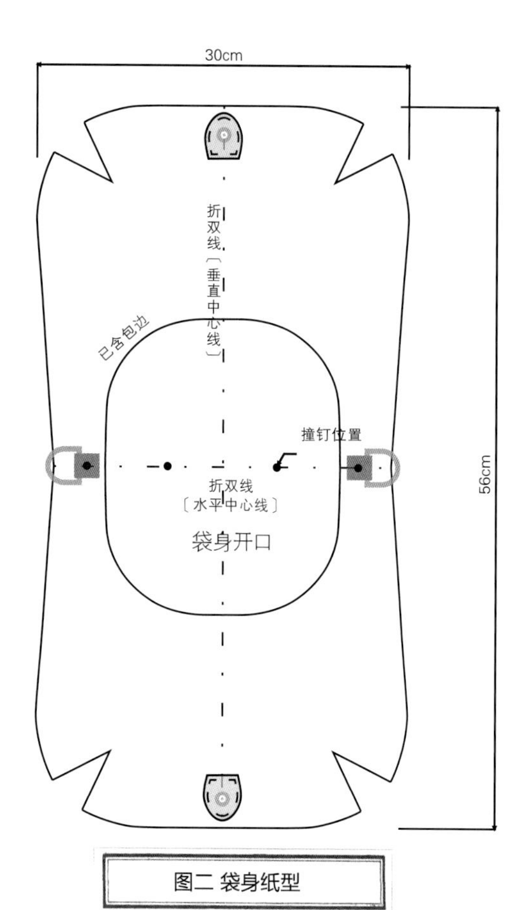

图二 袋身纸型

袋身组合与D形环耳片

17. 袋身前片与袋身后片正面相对，沿完成线疏缝。
18. 将袋身后片里布正面朝下，与袋身有开口片叠放，对齐四周折角以及袋身中心线，沿完成线疏缝，疏缝过程需回针，疏缝完成后，用缝纫机配合均匀压布脚，沿完成线车缝一圈。
19. 借助袋身后片里布中的返口将袋身翻出整理好，以藏针缝缝合返口，再通过袋口将袋身正面翻出。
20. 将缎带裁成5cm两条，头尾两端向内对齐中心点折入，再将D形环耳片穿入，稍作疏缝。
21. 疏缝好的D形环耳片放在袋身后片正面，对齐中央记号线，疏缝固定。

盖片与袋身组合，缝上皮扣

22. 参考纸型将盖片钉孔打出，袋身也同样打出钉孔，接着对齐两部分钉孔，将撞钉钉上，接合盖片与袋身。
23. 分别依照袋身与盖片纸型上皮扣位置做记号点，将皮扣缝上。
24. 穿上市售斜背皮带，完成袋物制作。

Point

A. 盖片表布的拼接缝份可用风车倒向方式，让表面更为平整。
B. 疏缝袋身前，可先将缝份内的铺棉剪除，袋身组合后将更为服帖、弧度更好看。

作品→ P83

19花漾书袋

成品尺寸｝W30cm×H33cm

主要材料｝配色布两种：27cm×45cm各1片，花朵用白布：10cm×40cm×1片，袋身主布：40cm×110cm×1片，里布：40cm×80cm×1片，出芽斜布条：4cm×100cm×1条，双胶铺棉：50cm×150cm×1片，薄布衬：40cm×80cm×1片，热黏着衬纸：20cm×10cm×1片，出芽棉绳100cm，直径0.7cm扣子7～8颗，渐变色棉绳100cm，55cm长提手2条，橘色绣线

主要工具｝基本手缝工具，缝纫机，均匀压布脚，万用压布脚，自由曲线压布脚，串珠压布脚（BERNINA缝纫机使用12号压布脚），双针

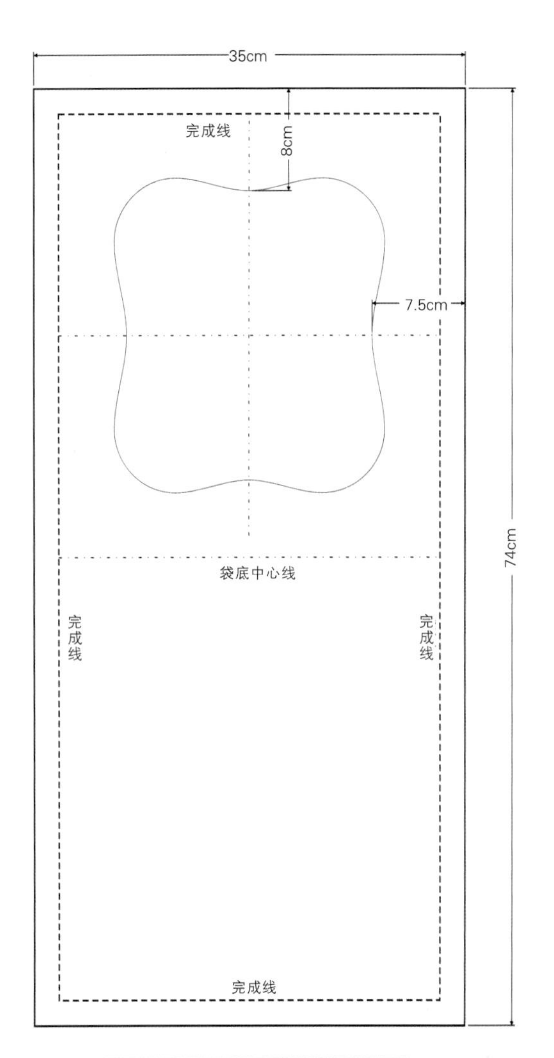

图二 袋身尺寸及开口位置

做法

1. 将两种配色布裁剪成5cm×5cm（尺寸已含缝份）各38片，拼接成如【图三】格状拼接片，缝份倒向深色烫平，完成后取大约相同尺寸方形铺棉及坯布，三层重叠熨斗烫粘，缝合处双针压线。
2. 开口纸型画在步骤1压好线的拼接片上，外加缝份1.5cm剪下。
3. 花朵用白布裁成10cm×20cm两片，其中一片背面与热黏着衬纸网纱面相对叠好，熨斗烫粘，撕去衬纸，与另一片白布背面相对叠好，再次熨斗烫粘。
4. 剪下花朵纸型，描绘在步骤3完成烫粘的白布上。
5. 用缝纫机配合自由曲线压布脚和白色车线，沿花朵记号线车缝，完成后距车缝线0.1cm剪下花朵。
6. 参考【图三】，花茎位置画上记号线，用缝纫机配合串珠压布脚，以锯齿缝花样将渐变色棉绳车缝在记号线上，重叠部分无须裁断，直接覆盖即可。
7. 花朵在开口位置范围内的都可先手缝缝上，扣子可以最后再缝。
8. 袋身主布、铺棉与坯布裁剪40cm×80cm各一片，三层叠铺，熨斗烫粘，从中央往四周方向以自由曲线方式压缝“珊瑚”纹路，整面压缝完成。

9. 参考【图二】，将开口纸型画在步骤8完成压线的布片上，并沿记号线车缝一圈当做记号。
10. 出芽斜布条对折夹住出芽棉绳，用缝纫机配合拉链压布脚或者出芽专用压布脚沿棉绳边缘车缝，完成出芽条布边的疏缝准备。
11. 把出芽条疏缝在步骤9完成的布片上，将出芽条布边侧朝开口内侧方向，对齐出芽条疏缝车线与开口记号线回针疏缝，起头与结尾交叉的棉绳剪除，布条交错重叠即可。完成袋身表布。
12. 袋身主布裁剪25cm×27cm一片作为开口翻车布，把开口纸型描绘在布背面，沿完成线车缝一圈后，另留缝份1cm，修剪外围多余部分。
13. 开口翻车布正面朝下与袋身表布正面相对，对齐开口记号线（出芽疏缝线），别上珠针后沿线再度疏缝，配合拉链压布脚（或者单边压布脚，BERNINA缝纫机使用12号压布脚）沿记号线车缝一圈，针位可略往出芽条内侧调整借以绷紧出芽。
14. 留缝份0.7cm，中央多余部分剪除，形成中间挖空，缝份修剪牙口，借助中空开口将开口翻车布翻至背面，整理好后疏缝。
15. 将步骤1~7做好的布片放在开口里侧，对准构图，稍作疏缝，将布片固定在开口范围内。
16. 在出芽与袋身之间的夹缝处车缝，接合布片及袋身。
17. 对折袋身使正面相对，对齐完成线，沿线疏缝，然后用缝纫机配合均匀压布脚沿线车缝。
18. 里布烫粘薄布衬后参考【图二】尺寸画上完成线，缝份1cm之外多余部分修除，若需缝制内袋也在这个时候缝制。
19. 里布正面相对对折，对齐袋口两端，对齐两边完成记号线，别上珠针，沿记号线车缝、但其中一侧留10cm返口不车。完成内里。
20. 袋身翻至正面朝外，内里正面相对套上，对齐袋口记号线，别上珠针，缝纫机车缝一圈，从内里一侧返口翻至正面整理好并缝合返口。
21. 将内里压入袋内至底，整理好袋口后，距袋口边缘1cm直线压缝一圈。
22. 将提手缝在袋口提手位置，完成作品。

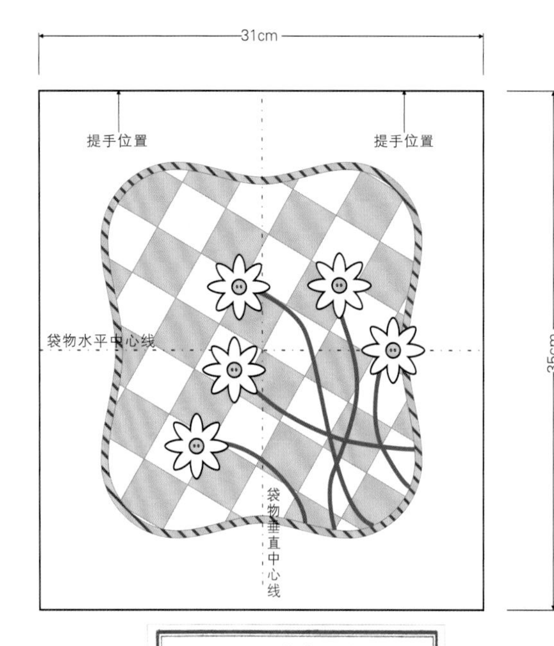

图一 袋表尺寸

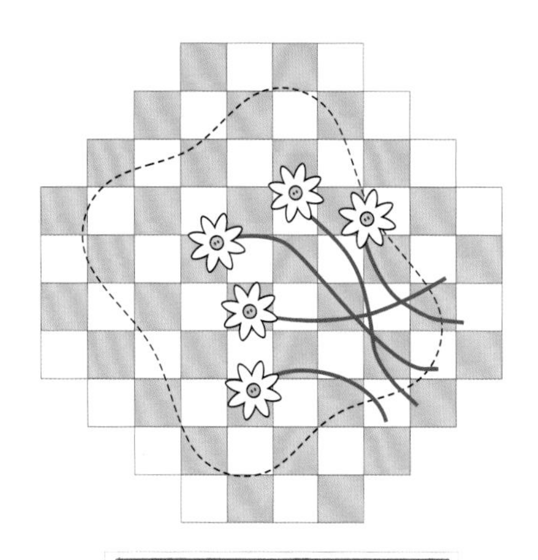

图三 开口取样及花朵位置

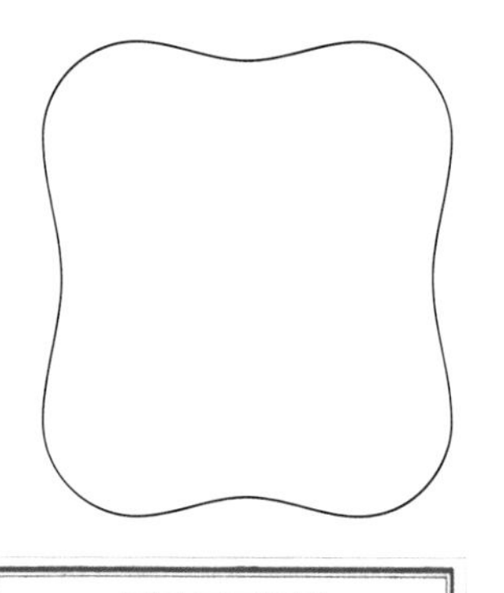

图四 开口纸型

图五 花朵纸型

作品→ P86

21 城市星光

成品尺寸 } W68cm×H80cm

主要材料 } 表布拼接底布七种：45cm×55cm各1片，表布拼接梯形布两种：27.5cm×45cm各1片，表布拼接菱形布：45cm×55cm×1片，边条布：55cm×75cm×1片，建筑物用布：55cm×75cm×1片，后背布：60cm×110cm×1片，铺棉：75cm×90cm×1片，包边斜布条：4cm×310cm×1条

主要工具 } 基本手缝工具，缝纫机，自由曲线压布脚，均匀压布脚，万用压布脚，3M胶布，拼布用安全别针，疏缝针线，布用固体胶

做法

拼接各部位剪布数量表

A	B	C	D	E	F	G	H	I	J
6	6	8	8	6	4	2	60	15	15

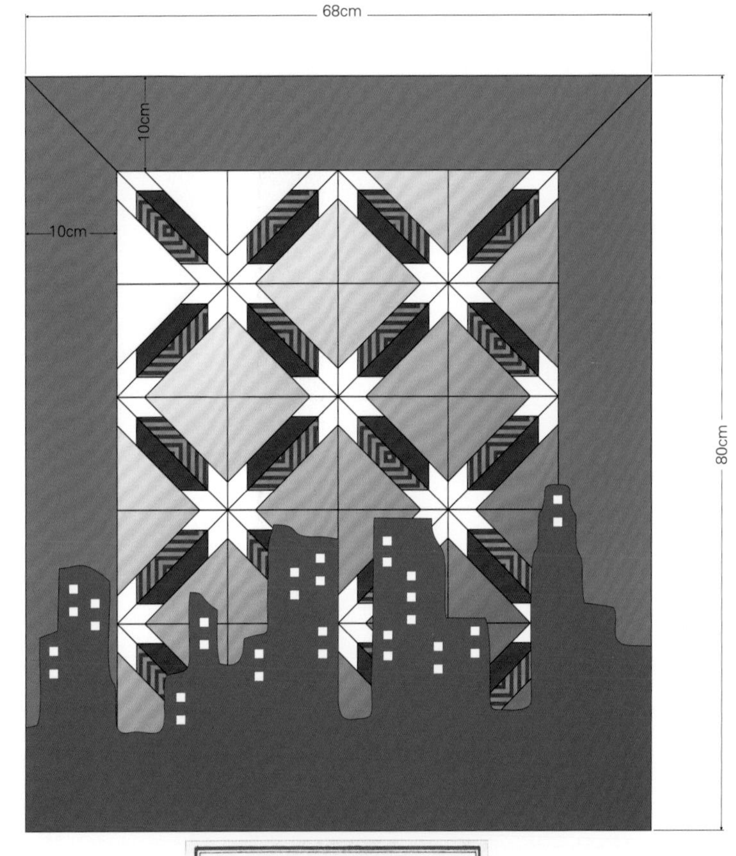

图一 作品全图与尺寸

表布拼接

1. 参考【图五】制图，或将纸型复印剪下备用。
2. 依照拼接各部位剪布数量表内所示数量，按直布纹方向标示画布，缝份1cm各自剪下所需数量。
3. 依照H＋Ⅰ＋H以及H＋J＋H这两种方式分别拼接完成，端到端缝合，缝份修剪为0.7cm。
4. 分别将A~G缝合到步骤3完成的组片一侧，可参考【图二】分组。
5. 参考【图二】将表布主体拼接完成，菱形端点部分都缝到点为止，以方便缝份进行风车倒向处理。

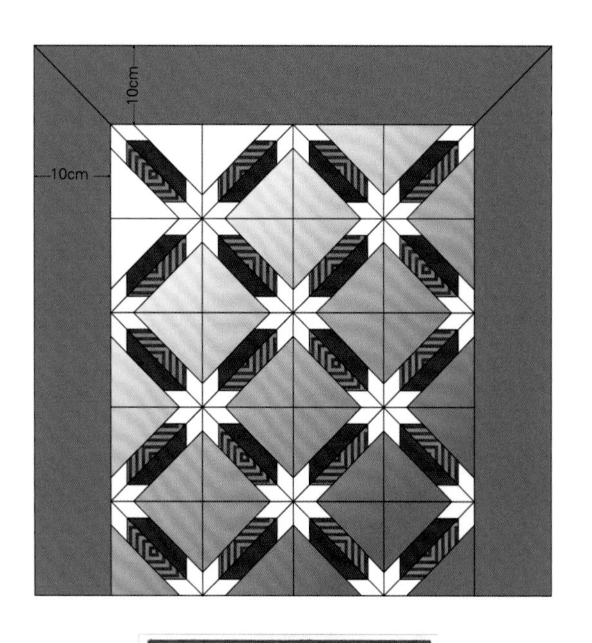

图二 表布拼接完成图

6. 缝合后修剪缝份为0.7cm，整理熨烫整体缝份。参考【图二】尺寸标示，裁剪边条布，缝份2cm剪下，并与主体缝合，缝合侧修剪缝份0.7cm，缝份倒向边条布整理熨烫，边条布交界处的缝份统一倒向单边即可。
7. 剪下建筑物纸型【图三】描绘在布表，除上端建筑物边缘缝份留0.7cm外，其余左右及下缘缝份留2cm剪下。
8. 参考【图一】将步骤7完成的建筑物部分以珠针固定在步骤6完成的表布下方，然后距贴布完成线1～2cm疏缝，以贴布缝方式完成拼接，烫平整片。
9. 准备75cm×82cm后背布及铺棉。找一张超过上述尺寸的桌面操作或直接放在地板上操作。后背布烫平后，表面朝下放置在地板上，整平后四角贴上胶布，然后上下左右侧都均衡贴上胶布固定。
10. 将铺棉铺在贴好胶布的后背布上，利用60cm大尺扫平。
11. 表布放上，依旧利用60cm大尺扫平，从正中央往上下左右方向开始，利用安全别针固定三层，准备压线。

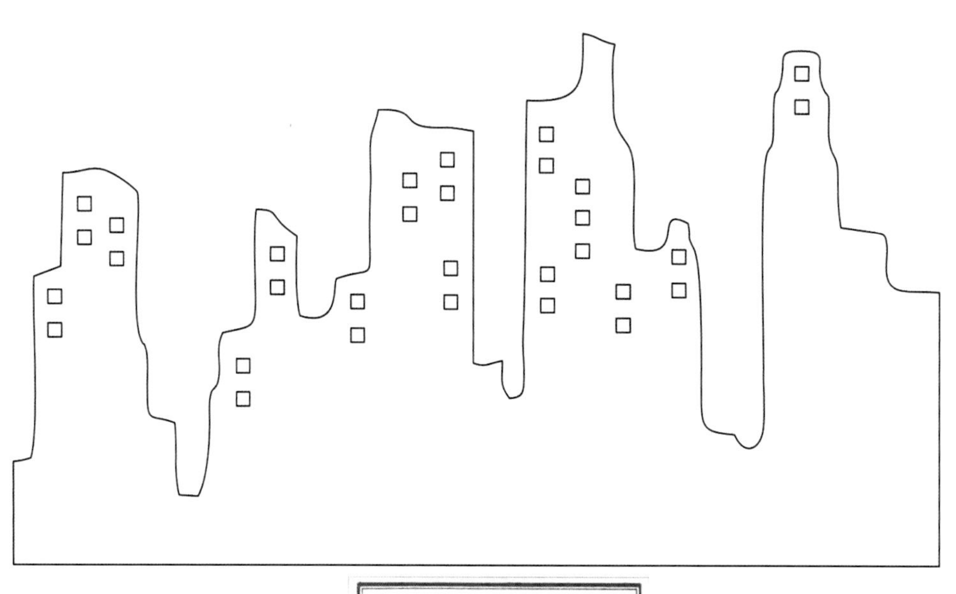

图三 建筑物纸型

12. 参考作品图，星空背景部分使用均匀压布脚随意直线方式压线，建筑物部分则以自由曲线方式压线。
13. H及挑选的背景浅灰的布料裁剪0.5cm×0.5cm小方块数片，参考【图一】放置在建筑物上均衡摆放，用布用固体胶黏合后，利用自由曲线方式车上框线。
14. 从正中央往上下左右方向丈量68cm×80cm并画上记号线，注意垂直水平的确认。
15. 沿记号线车缝一圈，剪去多余部分。
16. 后背布裁剪20cm×68cm一片成为后背布穿杆布，双边烫入5cm成20cm×58cm，沿布边将布边车缝，背面相对，对折烫成10cm×58cm，对齐布缘，放置在作品后背，随作品包边缝入。作品周围包边，以贴布缝方式将穿杆布边缘缝在作品上，作品完成。
17. 包边方式请参考通用制作技巧示范P144“直布条包边”。

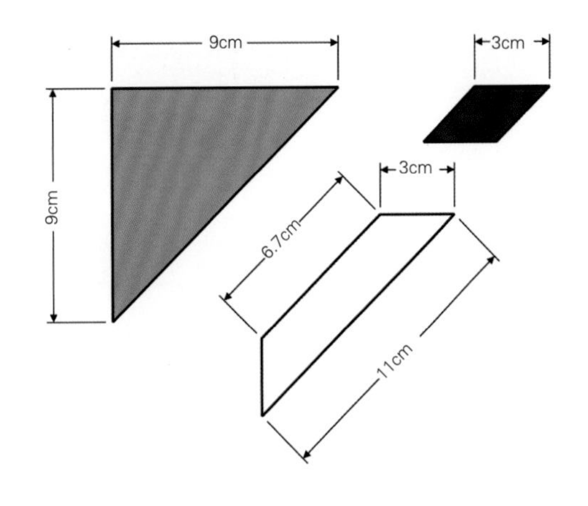

图六 拼接单片各部位尺寸

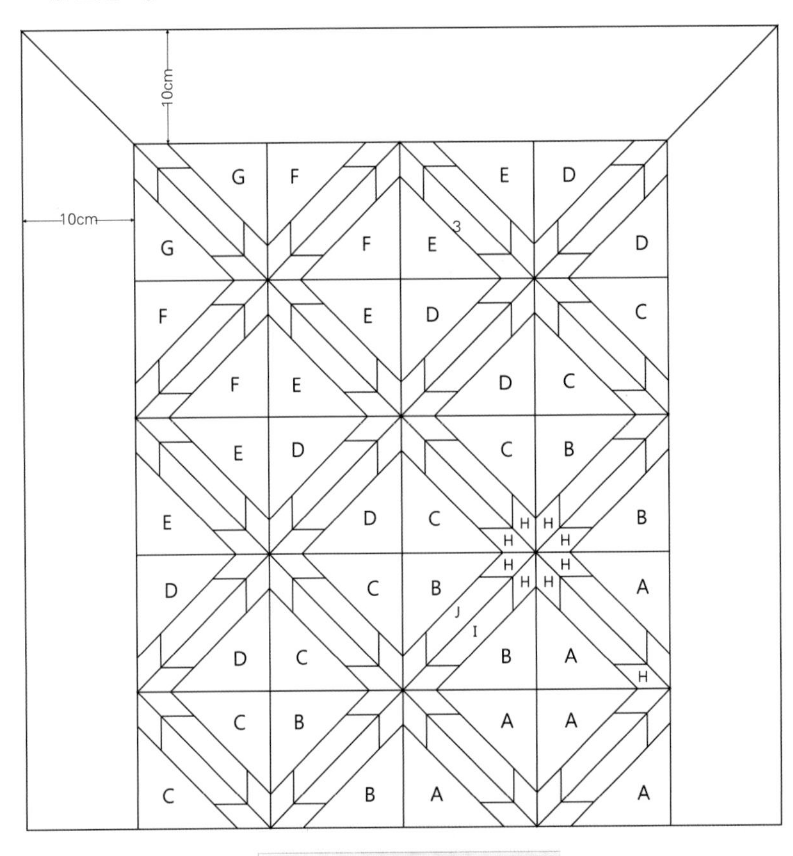

图四 拼接结构

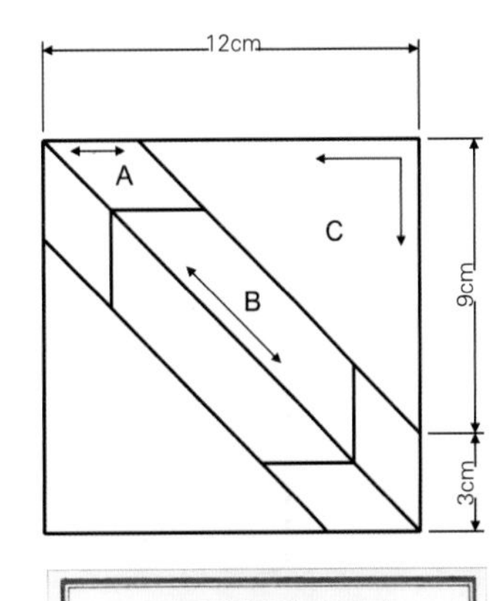

图五 拼接单片尺寸

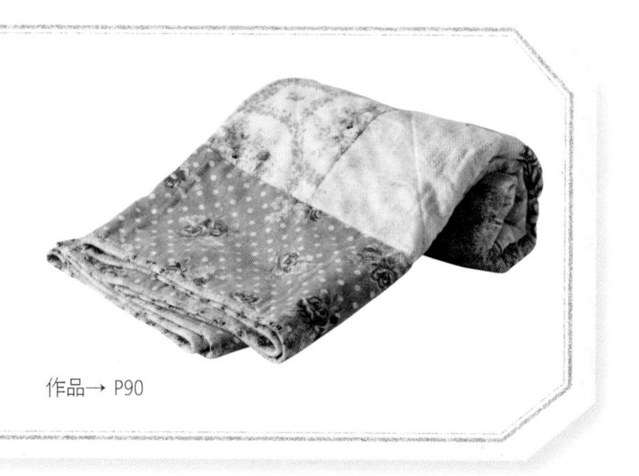
作品→ P90

22 家居毯

成品尺寸 } W100cm×H120cm

主要材料 } 表布配色布十二种：20cm×40cm各1片，表布小边条：15cm×100cm×1片，边条布：72cm×130cm×1片，后背布：110cm×130cm×1片，包边斜布条：4cm×450cm×1条，铺棉：110cm×130cm×1片，宽度5cm蕾丝200cm

主要工具 } 基本手缝工具，缝纫机，万用压布脚，均匀压布脚，轮刀，裁切垫

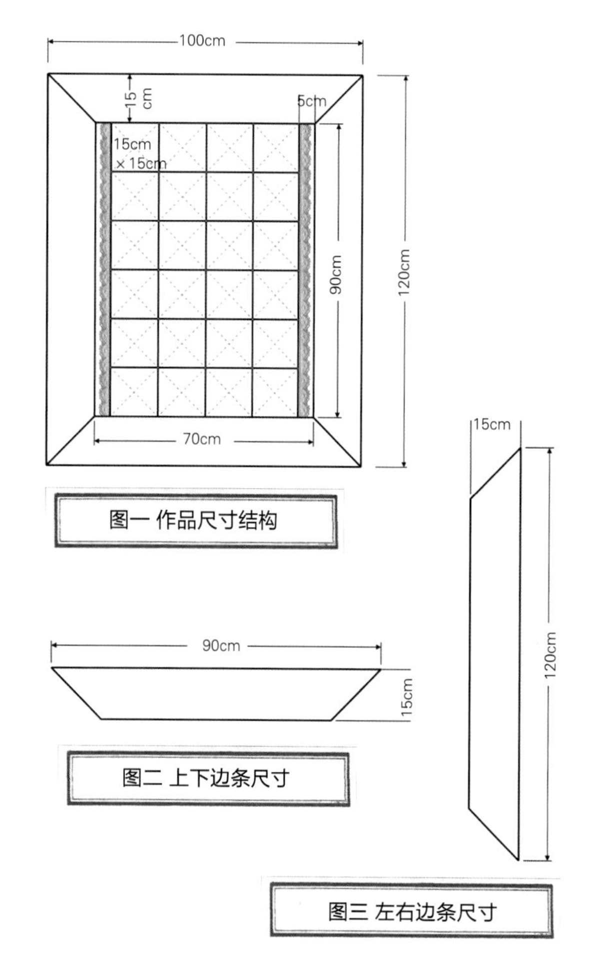

图一 作品尺寸结构

图二 上下边条尺寸

图三 左右边条尺寸

做法

1. 配色布轮刀裁成17cm×17cm（已含缝份）各两片，色系明暗交错摆放，缝份1cm，车缝组合成【图一】中央主体形态，也就是4×6格状。顺序上，可以先把四片布接成一长条，再将长条组合成一整片，缝份倒向深色烫平。
2. 小边条裁剪7cm×92cm（已含缝份）各两片，蕾丝裁剪92cm，小边条与步骤1完成的主体两侧对齐边缘，中间夹入蕾丝，分别车缝，缝份倒向主体烫平。
3. 边条布裁剪如【图二】及【图三】标示的梯形各两片，先左右两侧点到点为止车缝，再于上下与主体结合部分点到点为止车缝，缝份倒向边条布，左右与上下斜向交接处缝份打开烫平。
4. 后背布表面朝下放置在平面地板或者足够摊平的桌面上，以大尺扫平布面四周，四角贴上纸胶带固定，对齐正中心铺上铺棉也扫平，使其贴紧后背布，最后正面朝上铺上表布，也以大尺扫平，利用安全别针固定三层，从中心点往四周米字形疏缝，再井字形由中央往两侧疏缝，直到格状疏缝完成。
5. 中心主体进行大方格斜向压缝，手缝或者用缝纫机配合均匀压布脚压缝均可，参考【图一】。
6. 其余部分以拼接缝落针压线即可。
7. 重新从主体往外测量边条尺寸，并画上记号线，沿记号线使用缝纫机直线车缝一道，把车线外多余部分剪除。
8. 包边包完四周，完成作品。包边方式请参考通用制作技巧示范P143“斜布条包边”。

作品→ P94

23 时尚医生包

成品尺寸 } W35cm×H25cm×D11cm

主要材料 } 袋身表布：45cm×45cm×1片，袋底表布：25cm×45cm×1片，花篮配色布数种：10cm×10cm各1片，里布：45cm×110cm×1片，袋顶穿管布：10cm×90cm×1片，厚布衬：90cm×110cm×1片，薄布衬：90cm×110cm×1片，热黏着衬纸：10cm×10cm×1片，装饰缎带数种：60cm各1条，提手1组，0.8cm撞钉8颗，装饰蕾丝花片3~4个，心形装饰扣2颗，25号黑色绣线

主要工具 } 基本手缝工具，缝纫机，万用压布脚，花边压布脚，自由曲线压布脚，刺绣针，市售yo-yo型板数种

做法

1. 将纸型画在厚布衬上，正面、背面、底部袋身都画出两片，一片有缝份1cm的为“大衬”，一片没有缝份的为“小衬”，“大衬”要画出完成线与缝份线。
2. 画好后剪下，大衬沿缝份线剪。将袋身与袋底用布先行整理熨烫，预留缝份宽度，先烫小衬在布背面，温度稍降再将大衬对齐完成线叠上烫粘，待温度下降再沿衬边缘剪下。烫衬方式请参考通用制作技巧示范P142“单层与双层厚布衬”。
3. 花篮纸型剪下，画在热黏着衬纸面上，略比纸型稍大剪下衬纸，选一配色布，衬纸网纱面朝下烫在布背面，沿记号线剪下，撕去衬纸，参考【图一】以热烫方式烫粘在正面袋身设计位置。
4. 以机缝或者手缝方式沿花篮边缘毛毯边缝，花篮内则以自由曲线方式车缝数道装饰线。
5. 利用市售yo-yo型板搭配数种配色布，缝出不同花样尺寸的yo-yo。
6. 参考作品图将yo-yo缝上，缎带也随意缝上作装饰，花束蝴蝶结可以先打好再缝上固定。
7. 选一配色布制作标签，以贴布缝方式参考作品图缝于正面袋身适合的位置。
8. 用水消笔依整体花篮构图画出装饰线条，并以轮廓绣方式完成装饰线条。
9. 缝上装饰扣与蕾丝花片，完成袋身正面制作。
10. 背面袋身开一字形拉链口袋。做法请参考通用制

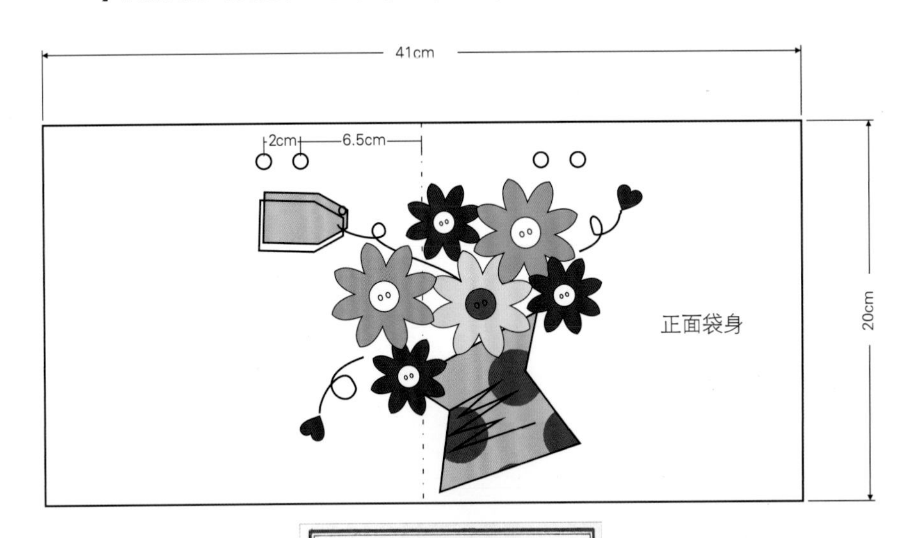

图一 正面袋身

作技巧示范P146“一字形拉链口袋”。

11. 将正面、背面袋身与底部袋身车缝接合，缝份倒向底部，正面沿袋底边缘以毛毯边缝装饰。

12. 将步骤11接合好的袋身对折对齐袋顶及两侧，两侧车缝直线部位，然后将袋底抓起拉平也车缝，缝份1cm。

13. 里布烫薄布衬后利用袋身各部位纸型画出整片，外留缝份1cm剪下，若想制作内口袋也在这时候制作，同步骤12车缝方式完成里袋身。

14. 表里袋身都翻至背面，表里袋身两侧袋底对齐车缝或者角落卷针缝，目的是使内袋底不会滑动影响使用。

15. 袋身翻至正面，疏缝袋口边缘。

16. 穿管布裁剪5.5cm×41cm两片，外留缝份1cm剪下，双边车缝成环状，单边边缘往里烫进缝份1cm。

17. 穿管布翻至背面朝外，套在袋身外侧与袋身正面相对，缝份1cm，对齐边缘车缝一圈。

18. 穿管布上翻至里，对齐穿管布边缘至车缝线，两侧各留开口3cm不缝外，其余以贴布缝方式将穿管布边缘贴缝。

19. 借助两侧开口将医生口金穿入，锁上螺丝，再将开口贴缝密封。

20. 依照纸型把提手位置标示在袋身上，钉孔位置标示好打出钉孔，提手尾端织带部分折入，打出钉孔，借助固定扣（撞钉）把提手钉在袋身上，即完成作品。

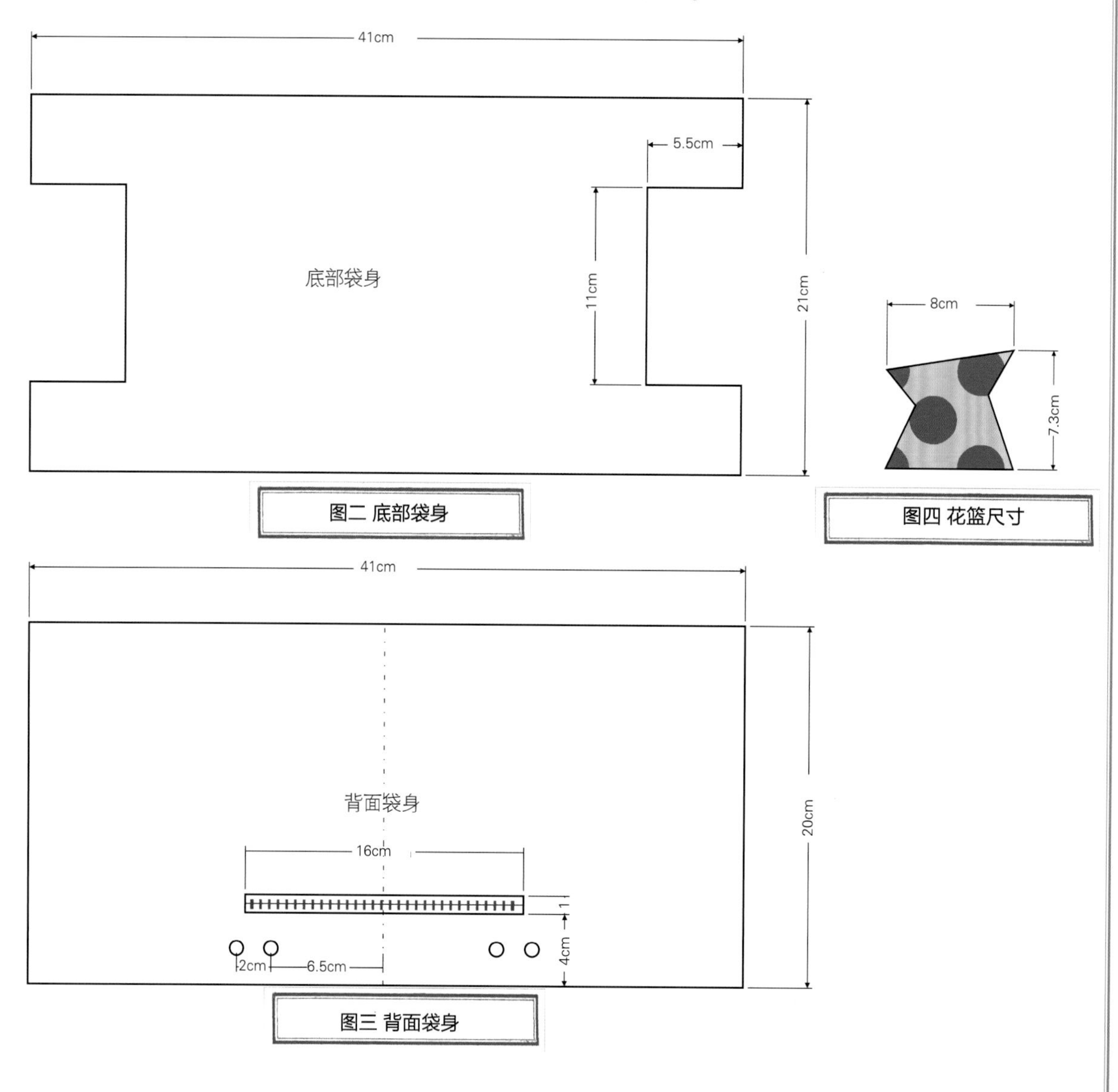

图二 底部袋身

图四 花篮尺寸

图三 背面袋身

通用制作技巧示范

有不少基本制作技巧是放诸四海皆准、适用于所有作品的，这里介绍本书作品中运用到的几项基本制作技巧，在制作作品时，不妨参考。

01单层与双层厚布衬

{画衬}

Step 01

纸型放在厚布衬布面，准备2B铅笔或粉土记号笔。

Step 02

沿纸型边缘画出完成记号线。

Step 03

缝份圈是帮助画出缝份的便利工具。

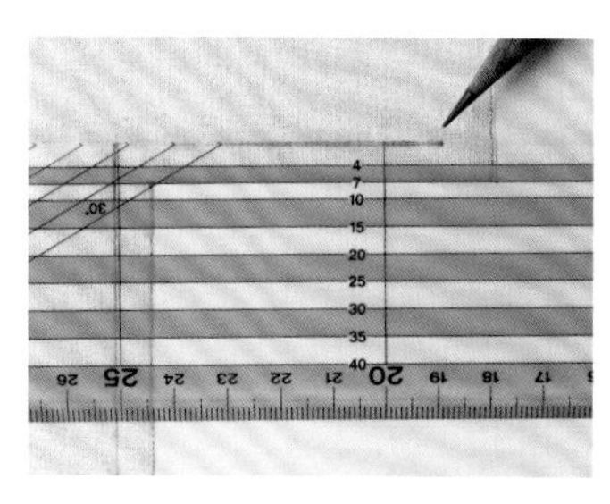

Step 04

直线的部分适合使用缝份尺画出缝份。

{单层烫衬}

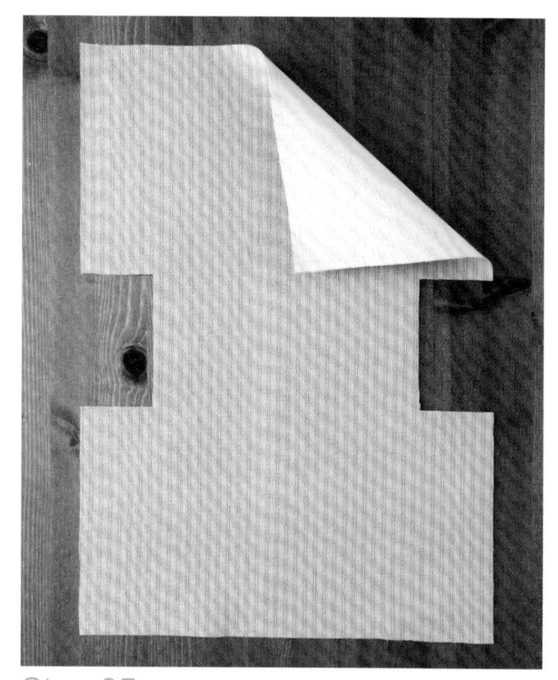

Step 05

单层烫衬的方式，是画好缝份后烫在布背面，再沿缝份线剪去多余部分。

{双层烫衬}

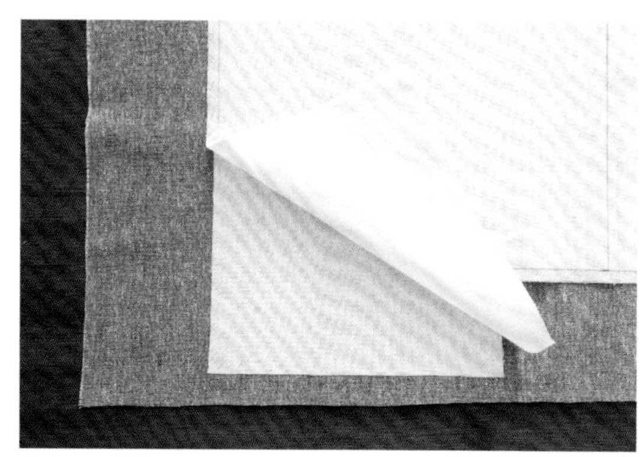

Step 06

双层烫衬，是分别画好、剪下无缝份的布衬（小衬）及另一外加缝份的后布衬（大衬），先在布的背面烫上无缝份的小衬，再重叠对齐烫上大衬，然后沿缝份线剪去多余部分。

02斜布条包边

{机缝+手缝收边}

Step 01

45° 角裁切斜布条，宽度4cm。

Step 02

斜布条衔接的方式，是略为交错的方式，车缝0.7cm缝份。

Step 03

缝份烫开，并将交错接缝处的多余三角缝份剪去。

Step 04

布条正面与作品正面相对，对齐边缘，起点布条向下垂直折入，结束端覆盖起点约3cm，缝份0.7cm车缝一圈。

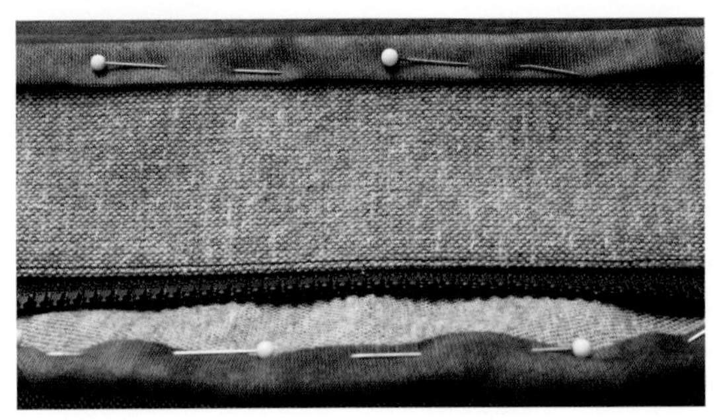

Step 05

翻至另一面，折入斜布条，别好珠针固定。

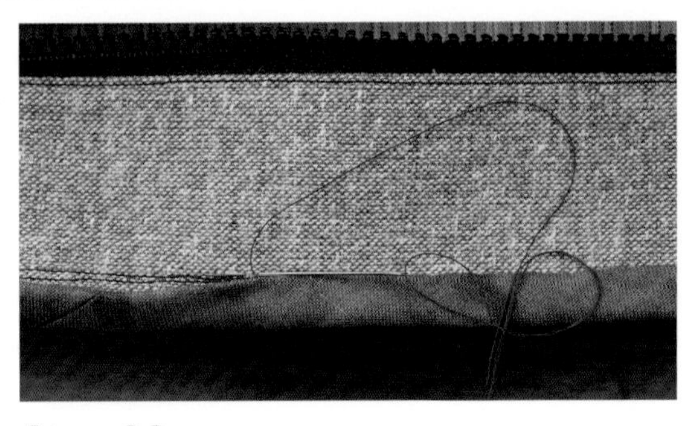

Step 06

贴布缝方式收边。

{车缝装饰花样收边}

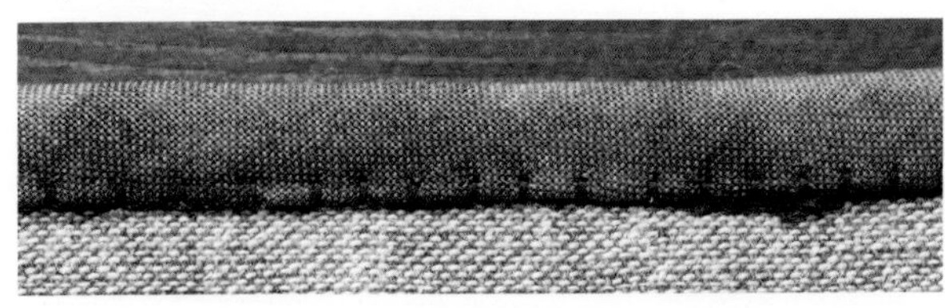

Step 07

也可使用机缝方式，利用毛毯边缝等花样完成收边。

03直布条包边

{机缝+手缝收边}

Step 01

布宽6cm，长度视作品需要裁剪，但须另外增加长度约10cm，依直布纹方向裁下，宽度对折。

Step 02

布边对齐作品正面边缘，缝份0.7cm车缝。

Step 03

翻至背面，别好珠针固定。

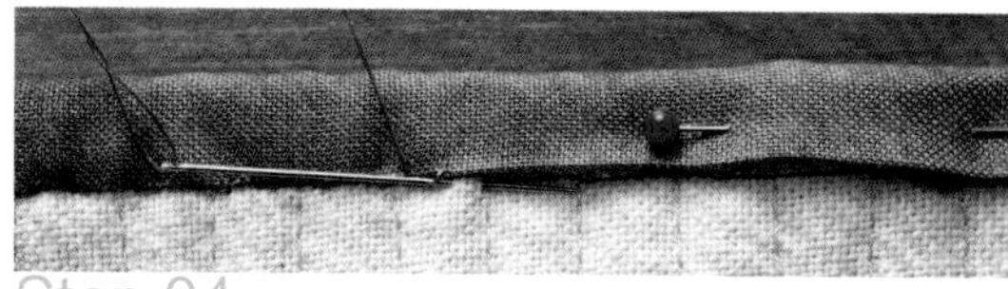

Step 04

以贴布缝方式，手缝完成收边。

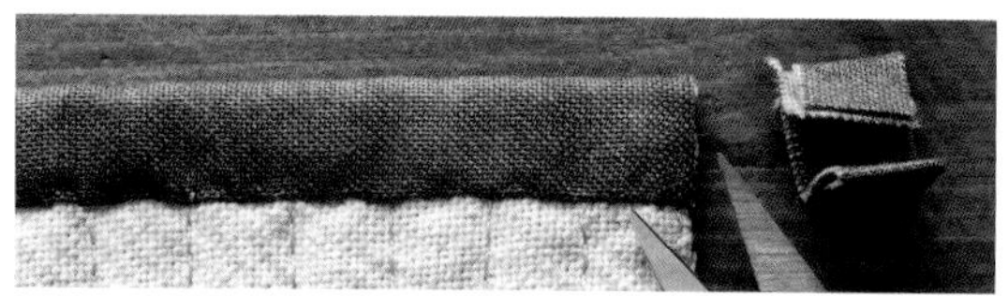

Step 05

最后修剪两端多余部分至齐。

{全机缝+车缝装饰花样收边}

Step 06

直布条对折后，放在作品背面，对齐边缘车缝，缝份0.7cm。

Step 07

翻至正面，别上珠针。

Step 08

布边通过车缝装饰花样收边。

{直布条包边的顺序}

Step 09

直布条包边顺序是先完成对角两边，并在两端多留布条约2~3cm。

Step 10

翻开布条，端侧缝份斜向往下拉，并将作品转角缝份斜剪修去一些，另一端也以一样方式处理。

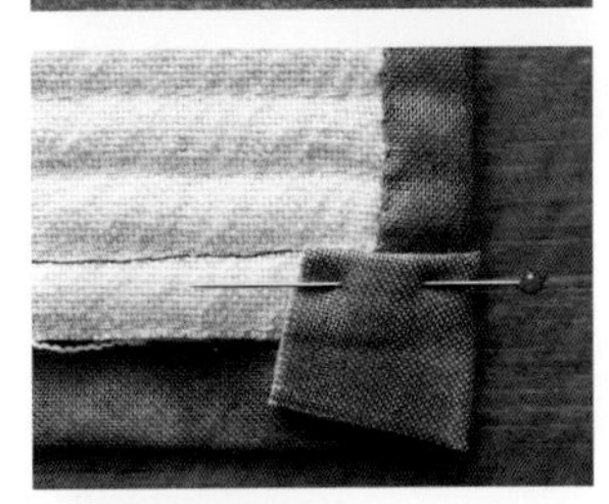

Step 11

折入端点布条对齐车线。

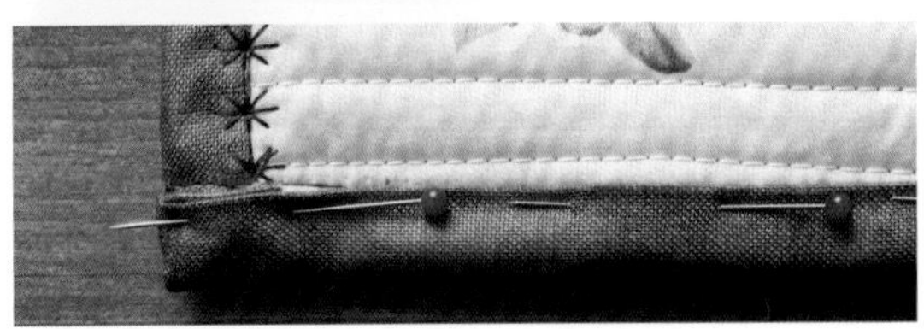

Step 12

翻折到另一面，别好珠针固定。

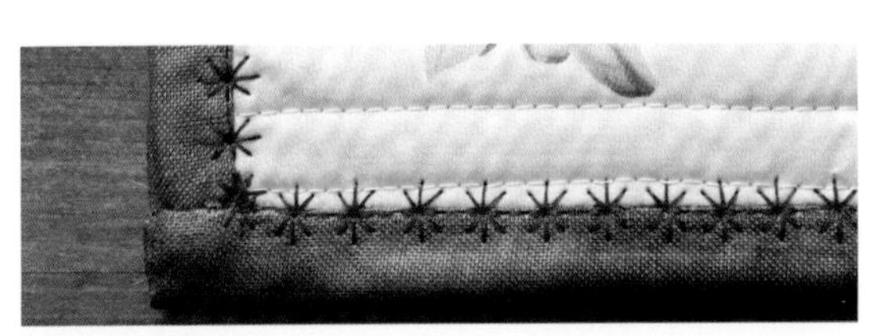

Step 13

手缝贴布缝方式完成收边，或车缝花样完成压边，相同方式完成对角侧包边。

04手缝拉链

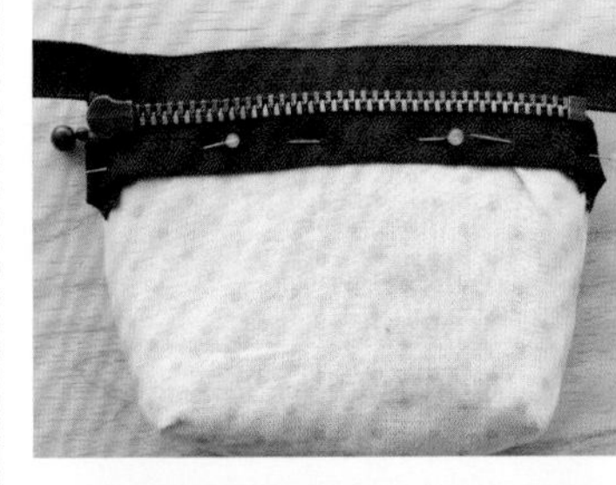

Step 01

袋物完成包边后，找出宽度中心点，拉链长度也找出中心点，对齐两个中心点，以珠针将拉链别上。

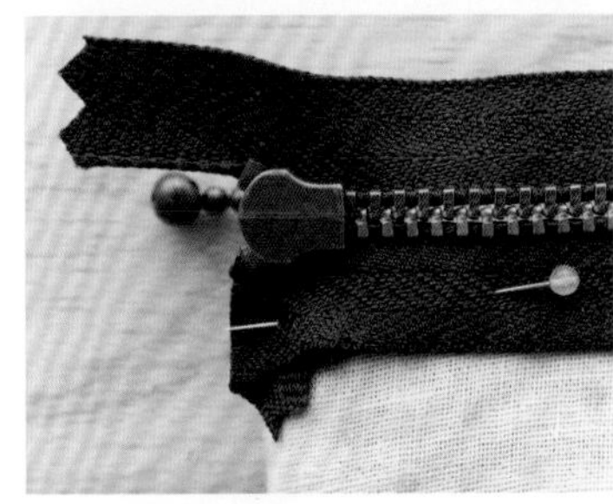

Step 02

两端拉链布折入内侧。

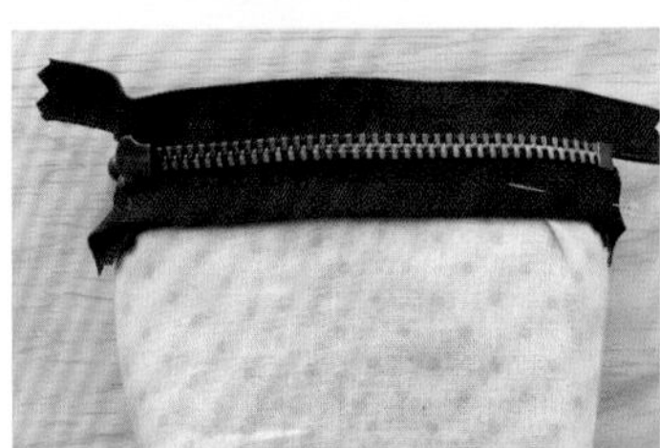

Step 03

从中心向两端回针缝，缝在拉链布织纹交错的第一道交错线上。

Step 04

包边顶端边缘是紧靠拉链齿缘的，这是在步骤1别珠针的时候就要注意到的重点。

Step 05

拉链布缘以人字缝或者贴布缝方式缝合，另一侧拉链重复步骤1~5缝合完成。

05一字形拉链口袋

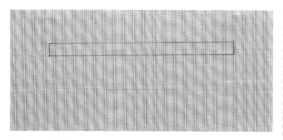

Step 01

表布上画出开口尺寸，固定高度1cm，宽度是拉链长度加上1cm，开口大约距离上缘7~10cm。

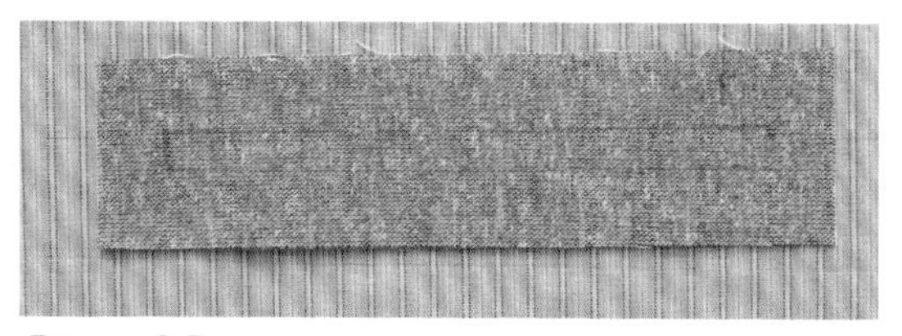

Step 02

另准备与表布同色开口翻车布，尺寸是固定高度5~6cm，宽度是拉链长度加上5~6cm，开口画在布背面，尺寸同步骤 1。

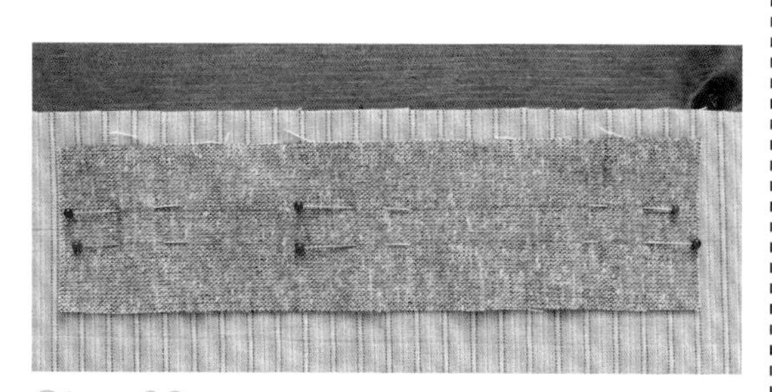

Step 03

开口翻车布画好开口记号后，正面朝下对齐步骤1开口记号线，别好珠针固定。

Step 04

沿记号线车缝一圈，起针结束都需回针。

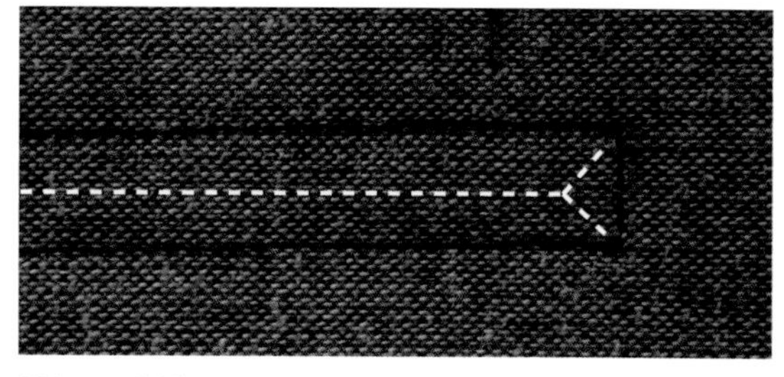

Step 05

在框内画出如图记号线。

Step 06

沿记号线剪开。

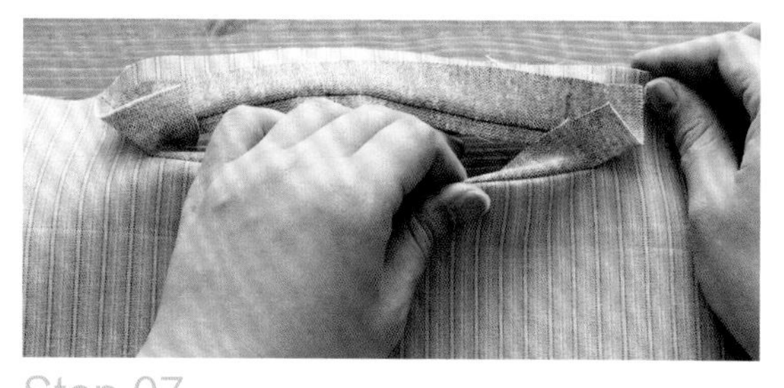

Step 07

利用步骤6剪开的开口将开口翻车布翻至背后。

Step 08

将翻到背后的开口翻车布整理好，也可以疏缝固定。

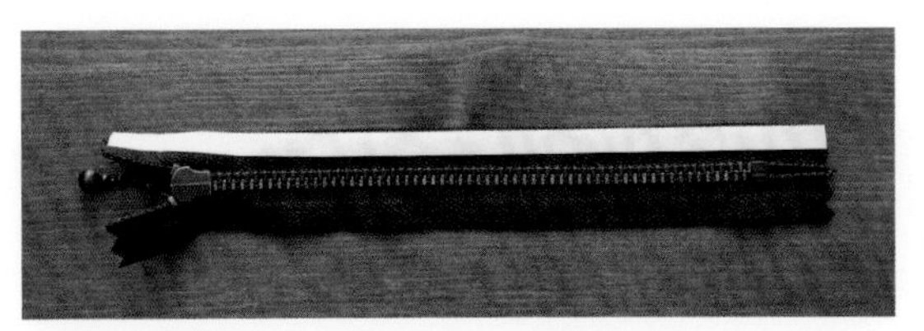

Step 09

拉链背面上缘贴上缝纫用水溶性胶带。

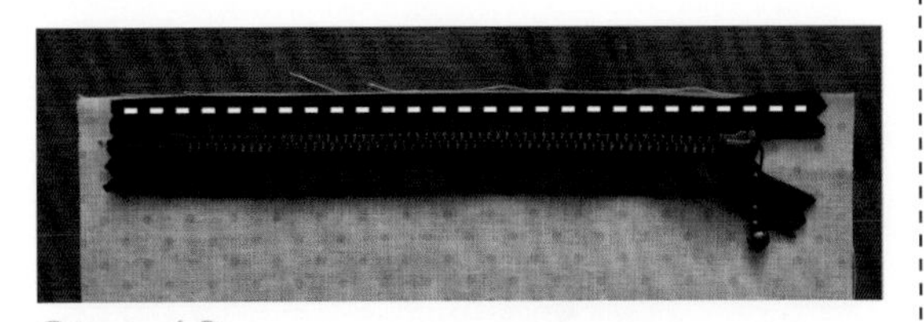

Step 10

准备口袋布一片，尺寸宽度是拉链长度加上5cm，长度固定30~35cm，将拉链正面朝上，撕开背面的水溶性胶带背纸，对齐布缘粘上，并配合拉链压布脚，沿边车缝一道。

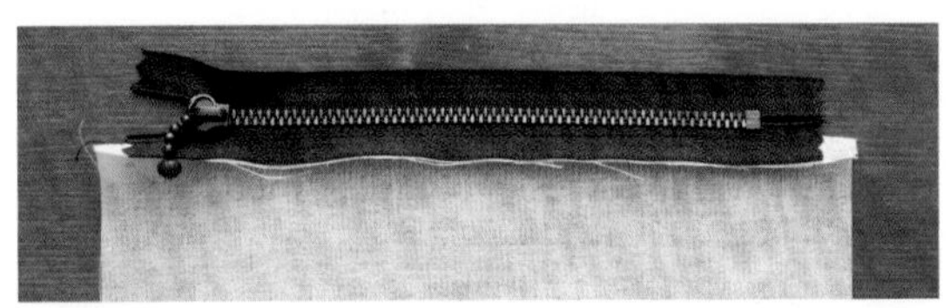

Step 11

将拉链与口袋布摊开，缝份倒向口袋布略微整理。

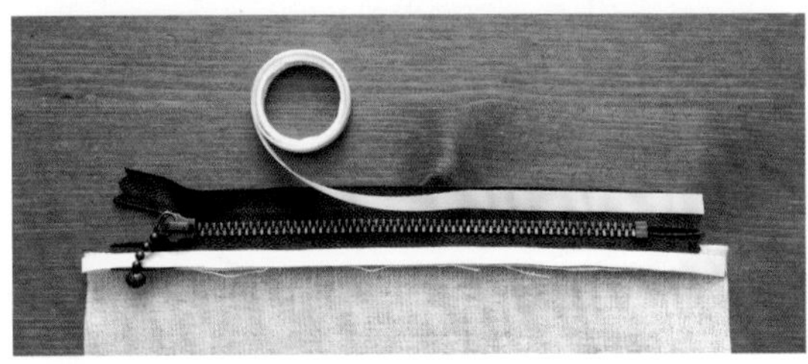

Step 12

拉链正面上下缘都贴上水溶性胶带。

Step 13

将车上拉链的口袋布对齐表布开口粘上。

Step 14

配合拉链压布脚，沿开口下缘车缝一道线。

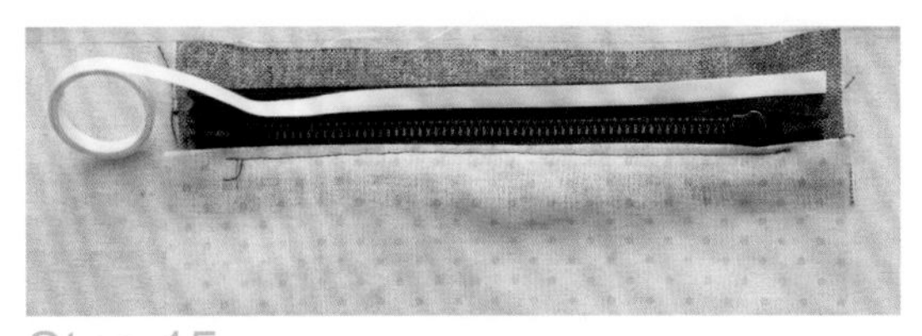

Step 15

翻至背面，将拉链上缘贴上水溶性胶带。

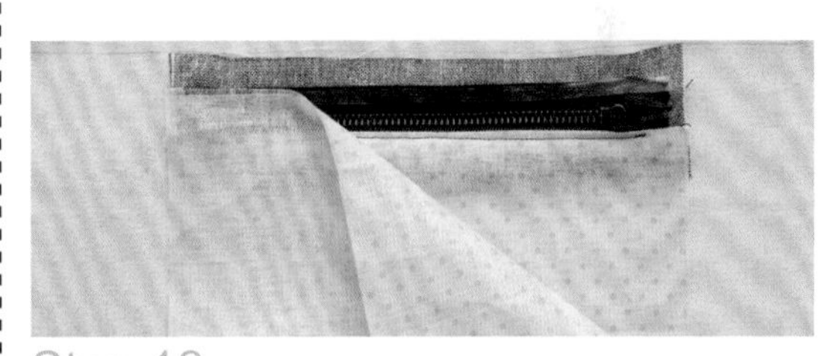

Step 16

口袋布向上翻折，边缘对齐上步骤贴了水溶性胶带的拉链上缘，粘上。

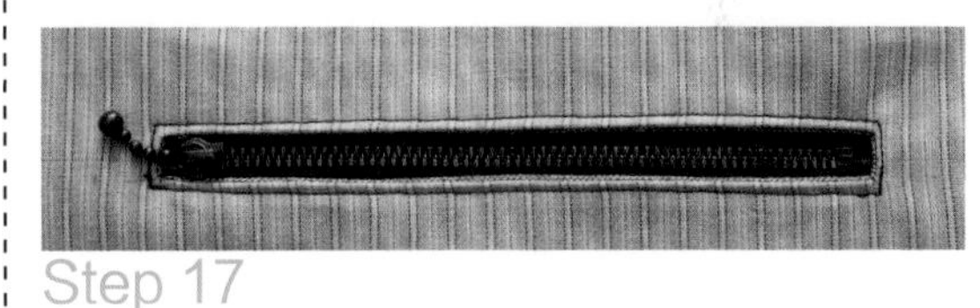

Step 17

再翻至正面，将拉链开口左右及上缘直线车缝。

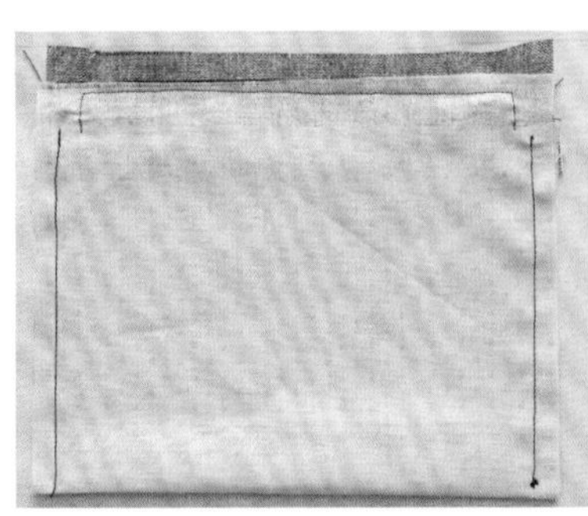

Step 18

完成后翻至背面，车缝口袋布两侧边。

06拉链口布

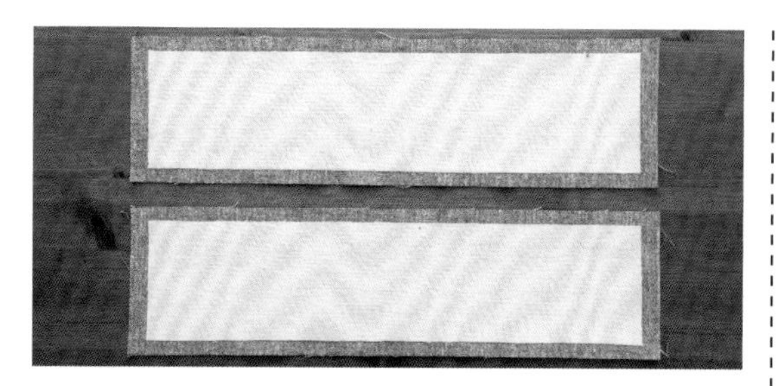

Step 01

参考袋底宽度及袋口长度，依需要画好四片厚布衬，无须外加缝份剪下，烫在布背面，四边各留缝份0.7~1cm剪下。

Step 02

双端缝份折入烫好。

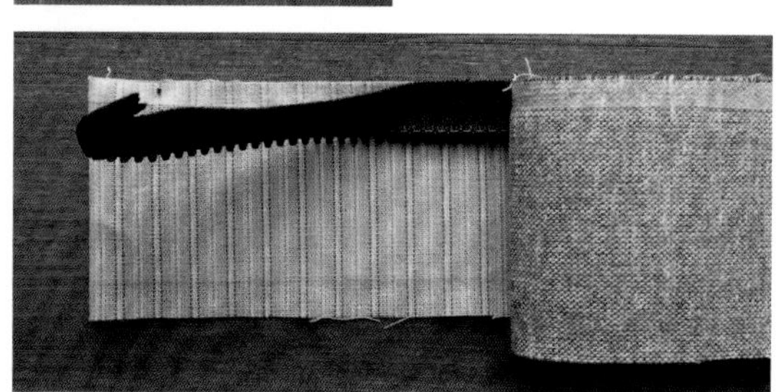

Step 03

表布与里布中间夹入拉链。

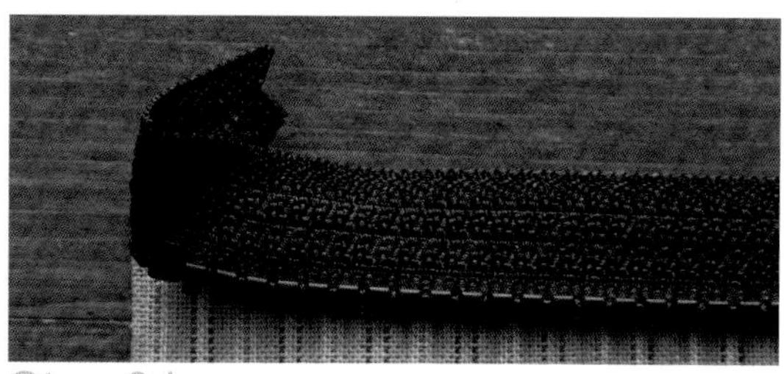

Step 04

拉链开端布尾折入里布侧，用水溶性胶带或珠针固定皆可。

Step 05

配合拉链压布脚，沿厚布衬边缘车缝。

Step 06

表布与里布上翻至正面。

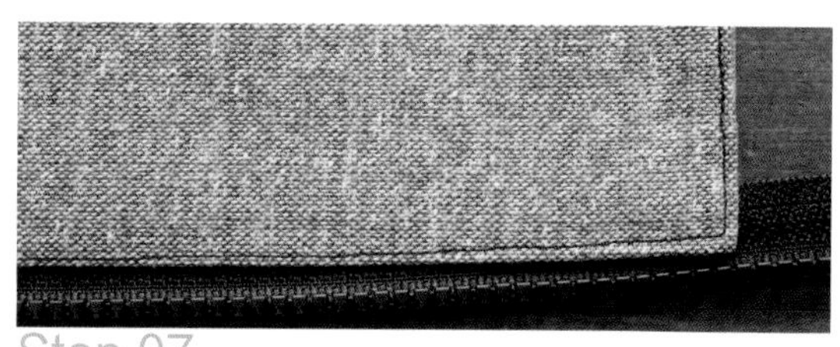

Step 07

表布左右及拉链侧，沿边车缝。

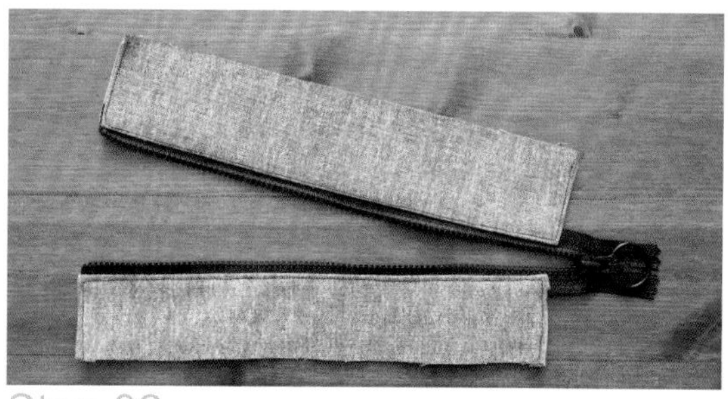

Step 08

另一侧拉链也以相同方式制作，完成拉链口布。

07平面内口袋

Step 01

薄布衬裁出口袋布尺寸，烫在口袋布背面，周围留缝份0.7cm剪下。口袋布尺寸：单一口袋宽度是15cm，长度是30cm，若想增加口袋宽度或者隔间数量可依需要更改宽度。

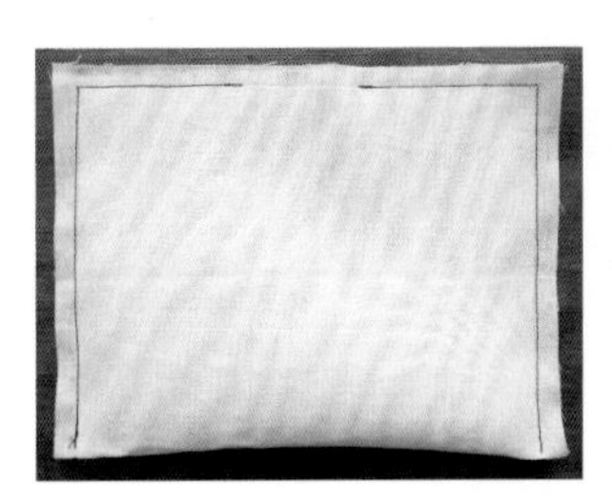

Step 02

长边对折，留返口不车外，参考图示车缝，起针结束都要回针。

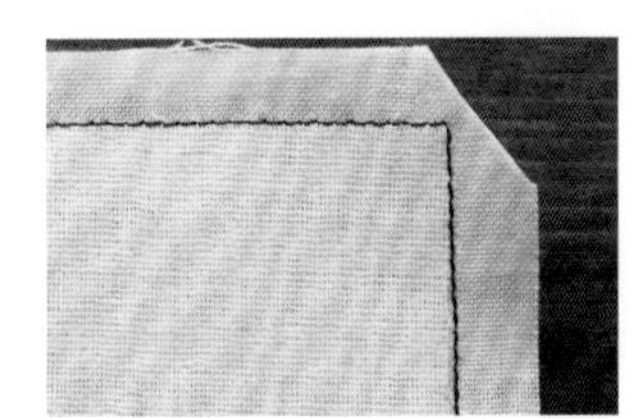

Step 03

转角缝份剪去，保留0.3cm左右。

Step 04

翻至正面，缝份侧朝下放在预定位置，别上珠针固定。

Step 05

左右及下缘车缝，开口的左右端可车缝三角加固。

08拉折内口袋

Step 01

口袋布的准备与平面内口袋一样，只是因为拉折所以宽度需要增加，一个拉折需要增加3~4cm。计算好尺寸后一样画好薄布衬剪下，薄布衬再烫在口袋布背面剪下，对折长边，保留返口，车缝翻至正面。

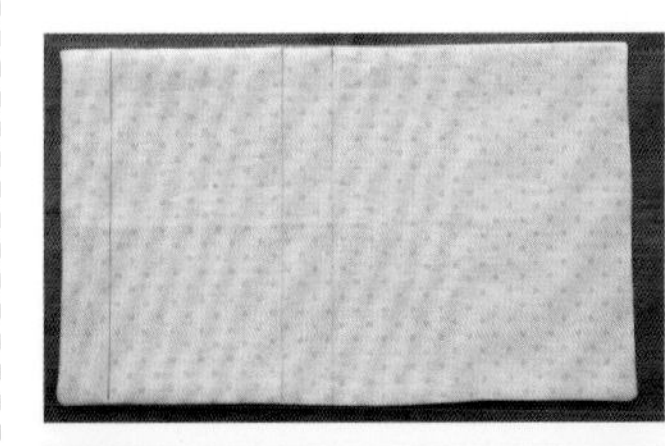

Step 02

如图增加两个拉折，画上拉折记号线，将拉折以Z字形方式折烫。

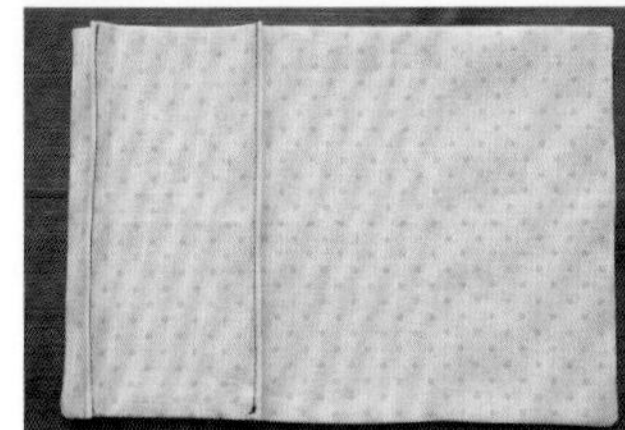

Step 03

将折山车缝，紧邻折烫线0.3cm左右车缝。

Step 04

将拉折口袋放在预定位置上。

Step 05

口袋分隔线先车缝。

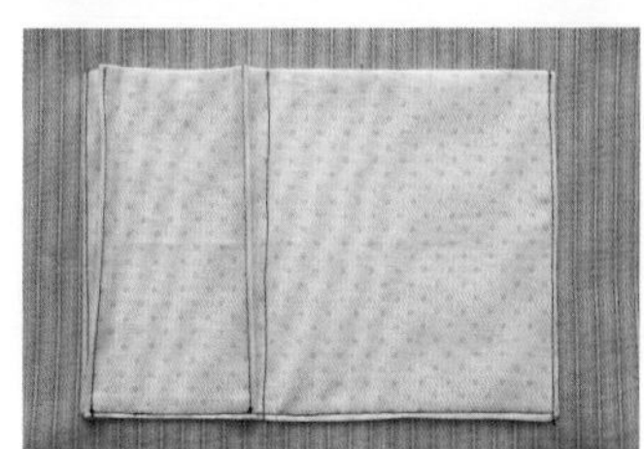

Step 06

口袋左右边车缝，折好拉折后车缝下缘。

拼布配色事典

色彩成功搭配的13堂课

图书在版编目(CIP)数据

拼布配色事典：色彩成功搭配的13堂课/游如意著．—郑州：河南科学技术出版社，2012.6
ISBN 978-7-5349-5595-2

Ⅰ．①拼… Ⅱ．①游… Ⅲ．①布料-手工艺品-配色 Ⅳ．①TS973.5

中国版本图书馆CIP数据核字（2012）第077370号

出版发行：河南科学技术出版社
地址：郑州市经五路66号　邮编：450002
电话：（0371）65737028　65788613
网址：www.hnstp.cn
策划编辑：李　洁
责任编辑：李　洁
责任校对：杨　莉
责任印制：朱　飞
印　　刷：北京盛通印刷股份有限公司
经　　销：全国新华书店
幅面尺寸：190 mm×260 mm　印张：9.5　字数：180千字
版　　次：2012年6月第1版　2012年6月第1次印刷
定　　价：39.80元